내 몸이 가벼워지는 시간

샐러드에 반하다

시간이 없어도, 요리를 못 해도 OK!
몸에 좋은 샐러드를 쉽고 맛있게 먹는 즐거움…

샐러드는 바쁜 생활 속에서도 건강을 챙길 수 있고, 늘 고민인 다이어트에도 도움이 되는 음식이에요. 하지만 건강과 다이어트를 위해 먹는 음식이라는 생각에 맛을 포기하는 경우가 많지요. 그래서 몸에 좋으면서 쉽게, 가볍게, 맛있게 즐길 수 있는 샐러드를 소개합니다.

레시피를 정리하면서 무엇보다 신경 쓴 것은 주변에 흔히 있는 재료로 쉽게 만들 수 있도록 하는 거였어요. 아무리 맛있어도 재료를 구하기 어렵거나 방법이 복잡하면 만들어 먹기가 쉽지 않잖아요. 책에 소개한 레시피들은 시간이 없어도, 요리를 못 해도 언제나 맛있게 즐길 수 있는 간단하고 맛있는 샐러드들이에요.

물론 드레싱도 빼놓지 않았지요. 드레싱은 샐러드의 맛을 한층 높여주는 핵심이니까요. 새콤달콤한 맛, 고소한 맛, 크리미한 맛 등 다양한 샐러드드레싱을 되도록 많이 담으려고 노력했어요. 또 샐러드드레싱을 고르는 요령도 함께 알려드려요. 이제 어떤 드레싱이 좋을까 고민하지 마세요. 기본만 알면 재료에 따라, 취향에 따라 다양하게 즐길 수 있어요.

샐러드는 곁들이 음식이 아니에요. 간편한 한 끼나 도시락으로뿐 아니라 푸짐한 파티 요리로도 환영받는 훌륭한 음식이랍니다. 특히 채소와 제철 과일을 썰어 담고 드레싱만 뿌려도 근사한 샐러드가 손쉽게 완성되기 때문에 요리를 잘 못하는 사람에게 안성맞춤이지요.

신선한 채소는 물론 다이어트에 필수가 된 닭가슴살, 고기, 해산물까지 좋아하는 재료를 딱 어울리는 드레싱과 함께 먹는 즐거움은 어떤 요리에도 비할 수가 없어요. 샐러드는 다 똑같다는 편견을 버리고 맛있게, 다양하게 즐기세요.

장연정

Contents

Basic

Part1

영양을 골고루

한 끼 샐러드

Part2

바쁜 아침에 후다닥!

도시락 샐러드

Part3

다이어트도 맛있게!

저칼로리 샐러드

Part4

사이드 메뉴로, 반찬으로
곁들이 샐러드

Plus recipe

샐러드에 어울리는 재료와 고르는 요령

1 양상추

샐러드에 가장 많이 쓰며, 아삭하고 청량감 있는 맛이 난다. 잎이 밝은 연두색을 띠고 윤기가 나며, 들어보아 묵직한 것이 좋다. 뿌리 쪽에 갈색 빛이 도는 것은 피한다.

2 로메인 레터스

상추의 일종으로 시저 샐러드에 주로 넣는 채소다. 아삭하면서 쓴맛이 적고 감칠맛이 나 다양한 샐러드에 잘 어울린다. 잎에 윤기가 나는 것이 싱싱하다. 낱장 또는 포기로 살 수 있다.

3 청경채

중국 배추의 일종으로 주로 볶거나 데쳐 먹는다. 즙이 많고 아삭해 생으로 먹어도 맛있다. 잎줄기가 연한 청록색을 띠며 윤기가 나는 것을 고르고, 잎이 시들지 않았는지 확인한다.

4 치커리

쌈이나 샐러드에 주로 쓰며, 맛이 쌉싸래하고 돼지고기와 잘 어울린다. 연한 녹색을 띠며, 잎이 넓고 줄기가 긴 것이 좋다.

5 비타민

비타민이 많아 지어진 이름으로 '다채'라고도 한다. 맛이 순해 어떤 샐러드에도 잘 어울린다. 잎에 윤기가 돌고 진한 녹색을 띠어야 싱싱하다. 카로틴이 시금치의 2배 들어 있고, 철분과 칼슘이 풍부하다.

루콜라

'아루굴라' 또는 '로켓' 등으로도 불리며 쌉싸래한 맛과 향이 있다. 이탈리아 요리에 많이 쓰며, 시금치나 어린잎채소로 바꿔 넣을 수 있다. 줄기가 부드럽고 잎이 시들지 않은 것을 고른다.

어린잎채소

다 자라지 않은 채소로 '베이비채소'라고도 한다. 비타민과 미네랄이 풍부하고 부드러워 샐러드를 만들기에 알맞다. 주로 팩에 담아 판매하므로 시든 잎이 있지 않은지 꼼꼼하게 살핀다.

시금치

비타민, 칼슘, 철분이 풍부한 시금치는 길이가 짧고 뿌리가 붉은 빛을 띠는 것이 달고 고소하다. 주로 데치거나 생으로 먹는데, 높은 온도에서 오래 익히면 비타민 C가 파괴되므로 빠르게 조리해야 한다.

참나물

베타카로틴이 풍부한 참나물은 특유의 향이 나는 산나물이다. 부드럽고 소화가 잘되며 식이섬유가 많아 변비에도 좋다. 진한 녹색을 띠고, 벌레 먹거나 시든 잎이 없는 것을 고른다.

샐러드를 만들 때는 신선한 재료를 고르는 것이 가장 중요해요. 샐러드에 잘 어울리는 재료를 소개합니다.
재료의 특징과 고르는 요령을 알아두면 집에서도 레스토랑 못지않은 샐러드를 만들 수 있어요.

10 버섯류
영양가가 높고 수분과 식이섬유가 풍부해 저칼로리 샐러드를 만들 때 좋다. 상처가 없고 단단한 것을 고른다.

11 숙주
녹두에서 싹을 낸 채소로 녹두의 영양성분을 그대로 간직하고 있다. 비타민이 풍부해 피로해소에 좋다. 대가 짧고 통통한 것을 고르고, 금방 상하므로 먹을 만큼만 산다.

12 적근대
몸속에 지방이 쌓이는 것을 막는 다이어트 채소로 피부 미용에도 좋다. 국거리로 주로 쓰는 근대와 달리 쌈이나 샐러드에 많이 쓴다. 잎이 넓고 줄기가 너무 길지 않은 것이 맛있다.

13 파슬리
잎이 곱슬곱슬한 것이 일반 파슬리이고, 납작한 것은 이탈리안 파슬리다. 이탈리안 파슬리가 향이 더 강하다. 초록빛이 짙고, 윤기가 나는 것이 좋다. 꽃이 핀 파슬리는 신선도가 떨어진 것이다.

14 올리브
불포화지방산이 풍부해 노화방지와 미용에 좋다. 통조림 올리브는 개봉 후 공기가 통하지 않도록 밀봉해 냉장 보관한다.

15 깻잎
특유의 향이 있는 깻잎은 칼로리가 낮고 칼륨, 칼슘 등의 미네랄과 식이섬유가 많다. 색이 짙고 부드러운 것을 고른다.

16 아스파라거스
아삭하게 씹히는 맛이 특징으로 식이섬유가 풍부해 변비 예방에 좋다. 줄기가 굵으면서 연한 것이 좋다.

17 쪽파
잎이 연하고 윤기가 나는 것이 좋다. 줄기가 너무 여러 갈래로 가늘게 나뉘지 않았는지, 탄력이 있는지도 확인한다. 다이어트할 때 먹으면 도움이 된다.

18 셀러리
식이섬유소가 많이 들어 있어 다이어트에 좋다. 연한 색의 대가 굵고 고르면서 긴 것을 고른다.

10

13

14

11

12

15

16

17

18

19 양배추 · 적양배추

아삭하고 단맛이 나는 양배추는 포만감이 크고 장운동을 활성화해 변비 예방에 도움을 준다. 모양이 뾰족하지 않은 것을 고른다. 잎보다 줄기가 먼저 썩으므로 심을 도려내고 물에 적신 종이타월을 넣어놓으면 싱싱하게 보관할 수 있다.

20 배추속대

배추 가운데에서 올라온 잎을 말한다. 잎의 가장자리가 연한 노란색이고 맛이 고소하다. 매끄럽고 윤기가 나는 것이 맛있다.

21 부추

특유의 향으로 입맛을 돋우는 부추는 비타민이 풍부하고 에너지 대사를 활발하게 도우며, 소화를 촉진하고 위장을 튼튼하게 한다. 줄기가 너무 굵지 않아야 맛이 좋다.

22 크레송

'물냉이'라고도 하며 칼슘, 인, 철분 등의 미네랄이 풍부하다. 크레송을 구하지 못하면 치커리나 어린잎채소로 대체해도 좋다. 시든 잎이 없는지 확인하고 잎이 너무 크지 않을 것을 고른다.

23 브로콜리 · 콜리플라워

피부 건강과 감기 예방에 좋은 비타민 C가 풍부하다. 봉오리가 단단하게 다물어져 있고 가운데가 볼록한 것을 고른다. 줄기에 영양분이 많으므로 줄기를 버리지 말고 요리에 넣는다. 샐러드는 물론 볶음, 조림, 수프 등 다양한 요리에 쓴다.

파프리카

피망보다 연하고 달콤한 맛이 난다. 색이 선명하고 약간 통통하면서 모양이 반듯한 것이 좋다. 너무 휘거나 변형된 것은 피한다. 꼭지 부분이 마르지 않은 것, 겉에 흠집이 없고 윤기가 나며 골 부분이 변색되지 않은 것을 고른다.

래디시

독특한 매운맛이 난다. 몸의 순환기능을 촉진하고 방부작용이 뛰어나며, 기름진 음식과 만나면 소화를 돕는다. 잎이 싱싱하고 잔뿌리가 많지 않은 것을 고른다.

오이

수분이 풍부하고 이뇨작용이 탁월해 부종 예방에 좋다. 녹색이 짙고 가시가 있으며 탄력과 윤기가 있어야 한다. 굵기가 고르고 꼭지의 단면이 싱싱한 것이 좋다.

27 연근

식이섬유가 풍부한 연근은 연꽃의 뿌리로 아삭아삭한 맛이 일품이다. 모양이 굵으면서 긴 것이 좋으며, 잘랐을 때 단면이 희고 부드러워야 맛있다. 요리하는 동안에 쉽게 변색되므로 썰자마자 식초물에 담가놓는다.

28 마

소화가 잘되지 않을 때 마를 먹으면 좋다. 주로 조려서 먹거나 즙을 내서 마시지만 샐러드에 이용해도 훌륭한 맛을 낸다. 들어보아 무겁고 굵기가 도톰하면서 고른지 확인한다.

29 허브류

로즈메리, 바질, 파슬리 등의 허브는 향이 좋아 해산물이나 고기 요리를 할 때 넣으면 비린 맛을 잡아주고 풍미를 깊게 만든다. 말린 허브는 보관하기도 쉽고 비교적 오래 쓸 수 있어 편하다.

30 마늘

알싸한 맛이 나는 마늘은 드레싱이나 소스에 쓰기도 하지만, 구우면 부드러워져 샐러드에 넣어도 좋다. 또 얇게 저며 오븐에 구워서 샐러드에 뿌리면 바삭함을 더할 수 있다.

31 양파

껍질이 잘 마르고 윤기가 나며 단단하고 무거운 양파가 좋다. 붉은 빛이 도는지, 눌러보아 물렁물렁하지 않은지 확인한다. 고기를 넣은 샐러드에 함께 넣으면 좋다.

32 단호박

탄수화물, 비타민, 미네랄 등 영양성분을 고루 갖춘 단호박은 부기를 빼는 데 좋고, 혈압 유지에 도움을 준다. 색이 바란 곳 없이 짙고 단단하며 크기에 비해 무거운 것을 고른다.

33 가지

색을 내는 성분인 안토시아닌이 항암에 도움을 준다. 색이 선명하고 윤기가 나며 모양이 구부러지지 않고 곧은 것을 고른다.

34 당근

특별히 조리하지 않고 생으로 먹어도 달달한 맛이 좋다. 색이 고르고 겉면이 매끄럽고 윤기가 나는 것을 고른다. 샐러드 외에 수프나 주스를 만들어 먹어도 좋다.

35 고구마

탄수화물, 비타민, 칼슘, 칼륨 등이 고루 들어 있어 성장기 아이들은 물론 체질이 약한 사람에게도 좋다. 피부미용과 노화방지에 효과적이다. 단단하고 껍질에 상처가 없는 것을 고른다.

36 감자

칼륨이 많이 들어 있어 자주 먹으면 성인병 예방에 도움이 된다. 흠집이 적고 매끄러우며 무겁고 단단한 것을 고른다. 싹이 나거나 녹색 빛이 도는 것은 피한다.

37 케이퍼

케이퍼는 새싹에서 향료를 채취하고, 꽃봉오리로 피클을 만든다. 케이퍼 피클은 훈제한 고기와 생선에 곁들이면 기대 이상으로 좋은 풍미를 즐길 수 있다. 잘게 다진 파슬리와 케이퍼 피클을 섞어 소스나 드레싱으로 쓴다.

1 베이컨

훈연의 향미가 좋은 베이컨은 지방과 염분이 많아 다이어트할 때는 피하는 것이 좋다. 유통기한을 반드시 확인하고, 개봉 후에는 공기와 닿지 않도록 밀봉해 냉동 보관한다.

2 차돌박이

필수 아미노산이 풍부해 성장에 도움을 주지만, 지방이 많아 다이어트에는 도움이 되지 않는다. 선홍색에 윤기가 나는 것을 고른다. 육질이 단단하고 끈기가 있는 것이 좋다.

3 등심

안심보다 길고 크다. 육질이 연하고 등심 주위에 있는 지방은 맛이 좋아 고기의 맛을 돋운다. 차돌박이와 마찬가지로 선홍색을 띠며 윤기 나는 것을 고르고, 고기 사이사이 지방이 고르게 있는지 확인한다.

4 훈제오리

알칼리성 식품으로 체내에 쌓이지 않는 불포화지방산이 풍부해 다이어트에 좋고, 콜라겐이 풍부해 피부 건강에도 좋다. 마트나 정육점에서 쉽게 구할 수 있으며, 유통기한을 확인한다.

5 닭다리살

탄력성이 좋은 닭다리살은 쫄깃하게 씹히는 맛이 좋으면서 칼로리가 높지 않고, 풍부한 육즙과 적당한 지방이 어우러져 감칠맛이 난다. 껍질이 크림색을 띠고 윤기가 흐르며 탄력 있는 것을 고른다.

6 닭가슴살

닭 부위 중 지방이 가장 적고 단백질이 풍부해 저지방 고단백 다이어트 식품으로 많이 알려져 있다. 살이 두텁고 윤기가 흐르며 탄력이 있는 것이 좋다. 살이 너무 흰 것은 오래된 닭이므로 엷은 분홍빛이 나는 살로 고른다.

7 닭 안심

가슴살 안쪽에 가늘고 길게 붙어 있는 대나무 잎 모양의 살로 지방이 거의 없는 고단백 저칼로리 식품이다. 겉에 끈적끈적한 액체가 느껴지는 것은 피한다.

8 달걀

영양성분이 고루 들어 있어 완전식품으로 불린다. 다이어트할 때 달걀흰자는 저칼로리 저지방이라 괜찮지만, 노른자는 지방이 많으므로 적게 먹도록 주의한다. 무겁고 빛이 들지 않는 곳에 있는 달걀로 고른다.

1 오징어

칼로리가 낮아 다이어트에 도움이 되지만, 콜레스테롤이 많기 때문에 지나치게 먹지 않도록 주의한다. 몸통이 유백색으로 투명하고 윤기가 나며 탄력 있는 것이 신선하다.

2 연어

장수식품 중 하나로 건강에 좋은 오메가-3 지방산과 비타민 E가 풍부하다. 고단백 저칼로리여서 비만인 사람에게도 좋다. 살이 단단하고 탄력이 있는 것을 고른다.

3 훈제연어

풍미가 좋아 샐러드에 많이 쓴다. 살 때 포장 상태와 유통기한을 확인하고 냉동 보관한다. 해동한 후에는 다시 냉동하지 말고 빠른 시간 내에 먹어야 식중독을 예방할 수 있다.

4 조개관자

쫄깃한 맛이 좋은 조개관자는 단백질이 풍부하고 지방이 적다. 조금만 오래 익혀도 질겨지므로 단시간에 센 불에서 익혀야 한다. 투명하고 탄력 있으며 도톰한 것이 좋다.

5 새우

타우린과 칼슘이 풍부해 고혈압 예방에 좋고 콜레스테롤을 줄이는 데 도움을 준다. 신선한 새우는 몸통과 머리가 단단하게 붙어 있고 껍데기가 몸통 전체를 단단하게 감싸고 있다. 또한 살이 하얗고 탄력이 있으며 꼬리가 빨갛고 통통하다.

6 홍합살

홍합은 칼로리가 낮고 지방이 적으며, 단백질과 미네랄이 풍부해 피부미용에 좋다. 칼슘, 인, 철분 등이 많이 들어 있어 빈혈에도 도움을 준다. 통통하고 윤기가 나며 비린내가 나지 않는 홍합살이 신선하다. 붉은 빛이 도는 것을 고른다.

7 해조류

미역, 다시마, 김, 톳, 파래 등의 해조는 요오드, 철분, 칼슘, 칼륨 등 미네랄이 풍부해 특히 가임기 여성이나 초기 임신부에게 좋다. 특유의 해조 냄새가 있는 것이 좋으며, 깨끗이 씻어 비닐봉지에 담아 냉장 보관한다.

1 수박

이뇨작용이 있는 수박은 몸이 자주 붓는 사람이나 다이어트 중인 사람에게 좋다. 껍질의 색이 선명하고 선이 명확하며 단면의 색이 곱고 씨가 검은 수박을 고른다.

2 아보카도

당분이 적고 비타민과 미네랄이 많은 건강 과일로 다른 재료와 잘 어우러진다. 껍질이 아주 진한 녹색이고 손으로 쥐었을 때 탄력성이 조금 느껴지는 것을 고른다.

3 사과

운동 전후에 먹으면 내장지방 감소와 근력 향상에 도움이 된다. 당이 풍부해 아침에 먹으면 두뇌 활동을 돕는다. 껍질이 거칠면서 탄력이 있고 상처가 없는 것을 고른다.

4 오렌지·자몽

오렌지는 비타민 C가 풍부하지만 당이 많기 때문에 너무 많이 먹지 않도록 주의한다. 자몽은 상큼한 신맛과 쌉쌀한 맛이 함께 나는 것이 특징이다. 속이 알차고 둥근 모양이 완만하며, 눌렀을 때 모양이 그대로 유지되는 것이 좋다.

5 키위

비타민 C가 오렌지의 2배, 비타민 E가 사과의 6배, 식이섬유가 바나나의 5배 많다. 상처가 없고 탄력이 있으며, 껍질이 윤기 도는 갈색인 키위를 고른다.

6 파인애플

비타민이 풍부해 피로해소에 좋고, 단맛이 나면서도 칼로리가 다른 과일에 비해 높지 않아 다이어트할 때 먹기 좋다. 잎이 작고 단단하며 껍질의 1/3 정도가 노란색으로 바뀐 것을 고른다.

포도

구연산과 펙틴, 비타민이 풍부하며 칼륨, 인, 철분 등 미네랄도 많다. 포도의 떫은맛을 내는 폴리페놀은 암이나 동맥경화 예방에 효과적이다. 샐러드에는 껍질이 매우 얇아 껍질째 먹는 레드글로브를 쓰면 좋다. 알이 굵고 과육이 단단한 것을 고른다.

딸기

비타민 C가 풍부해 하루 5~6개를 먹으면 하루에 필요한 비타민을 모두 섭취할 수 있다. 잘 익은 딸기는 꼭지가 마르지 않고 진한 푸른색을 띠며, 과육은 꼭지 부분까지 붉다.

바나나

포만감이 높고 타닌 성분이 장을 튼튼하게 해 설사와 변비를 예방한다. 밝은 노란색이 전체적으로 고른 것이 좋으며, 거뭇한 점이 생기기 시작할 때가 가장 달고 영양가가 높다.

레몬·라임

레몬은 저칼로리 식품이지만, 많이 먹으면 당의 흡수가 빨라져 혈당 수치가 올라가는 부작용이 있으니 조심한다. 윤기가 나고 향이 좋으며 무거운 것을 고른다.

블루베리

슈퍼 푸드로 잘 알려진 블루베리는 안토시아닌이 풍부해 항산화 능력이 우수하고 눈 건강에도 좋다. 색이 선명하고 과육이 단단하며, 겉에 하얀 가루가 많이 묻어 있을수록 당도가 높다.

말린 과일

말린 과일을 샐러드에 넣으면 새콤달콤한 맛이 좋다. 망고, 자두 등 입맛에 따라 넣는다. 유통기한을 꼭 확인하고, 밀폐용기에 담아 보관한다.

1 체더치즈

가장 익숙한 치즈로 칼슘이 풍부하고 지방이 소화되기 쉬운 형태로 들어 있지만, 포화지방이 많으므로 너무 많이 먹지 않도록 한다. 크림색에 독특한 향과 단맛이 나는 것이 좋으며, 반드시 유통기한을 확인한다.

2 파르메산 치즈

고소한 맛이 나 음식의 풍미를 한층 끌어올린다. 주로 샐러드나 파스타에 살짝 올려 맛을 더한다. 아이보리색이나 밝은 금색을 띠고 아주 단단한 것이 좋다. 유통기한 확인은 필수다.

3 블루치즈

푸른곰팡이가 사이사이 박혀 있고 풍미가 강하다. 푸른곰팡이는 그대로 먹는다. 곰팡이가 대리석 무늬처럼 있는 것이 좋으며, 포장 상태가 단단하고 유통기한이 넉넉한지 따져본다.

4 모차렐라 치즈

이탈리아의 물소 젖으로 만든 치즈로 생 모차렐라 치즈는 소금물에 담가 판매한다. 다양한 샐러드에 무난하게 쓸 수 있고, 발사믹 식초와 잘 어울린다. 쉽게 변질되므로 유통기한을 확인하고, 사서 바로 먹는다.

5 에멘탈 치즈

와인이 인기를 끌면서 함께 사랑받게 되었다. 겉은 금색이나 밝은 갈색이고 속은 아이보리나 밝은 노란색이며, 군데군데 구멍이 나 있다. 단단하면서 탄력 있는 치즈를 고른다.

6 율무

부종과 비만에 좋고 포만감이 있어 다이어트에 도움이 된다. 골이 좁고 연한 갈색을 띠며, 윤기가 나는 것을 고른다.

캐슈너트

구부러진 모양이 특징인 캐슈너트는 다른 견과에 비해 부드럽다. 닭고기와 궁합이 좋아 닭고기를 넣은 샐러드에 곁들이면 좋다. 이물질이 없고 냄새가 나지 않는지 확인하고 고른다.

호두

칼로리가 높아 체중감량 시 섭취량을 조절한다. 불포화지방산이 많아 피부에 좋다. 유통기한을 확인하고, 남은 호두살은 단단하게 밀봉해 냉동 보관한다.

아몬드

아몬드는 불포화지방산이 풍부하고 비타민 E가 풍부하여 피부미용에도 좋다. 붉은 갈색이며 너무 마르지 않은 것을 고른다. 포장된 제품은 유통기한을 확인하고 진공 상태가 양호한지 살펴본다.

잣

영양이 풍부하고 맛이 고소해 샐러드드레싱을 만들 때 넣으면 좋다. 중국산이 많으므로 원산지를 꼭 확인한다. 씨눈이 거의 붙어 있지 않고 표면에 상처가 많은 것이 국산이다.

콩류

콩은 '밭에서 나는 고기'라고도 불리는 고단백 식품이다. 샐러드에 고기 대신 단백질과 영양을 보충하기 좋다. 고를 때 윤기가 나고 깨끗한지 살펴본다.

그린 빈

'껍질콩' 또는 '줄기콩'이라도 한다. 주로 고기 요리에 곁들이며, 콩깍지째 조리해 먹는다. 생 그린 빈을 구하기 어렵다면 통조림을 사서 쓴다.

₿aℓic

남은 재료 신선하게 보관하는 요령

잎채소

시금치와 같은 잎채소는 물에 씻으면 금세 무른다. 쓸 것만 빼고 나머지는 씻지 않은 상태로 보관한다. 또한 잎채소는 위로 향하는 성질이 있어 눕혀 놓으면 금방 시들어버린다. 뿌리 부분을 물에 적신 종이타월로 감싸서 뿌리가 아래로 향하게 세워두면 좀 더 오랫동안 신선하게 보관할 수 있다.
양상추나 양배추는 심 주변을 물에 적신 종이타월로 감싸 수분을 유지시키거나, 통째로 비닐봉지에 담아 채소실에 둔다. 칼로 썰어 두면 색이 변하고 영양소도 파괴된다.

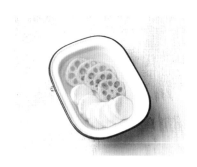

뿌리채소

감자, 당근, 무와 같은 뿌리채소는 물기가 있으면 금방 상한다. 씻지 않은 상태로 공기가 닿지 않게 신문지나 랩으로 감싸서 뿌리가 아래로 향하게 두어야 더 오래 간다. 하지만 보관 기간이 길어질수록 영양가와 맛이 떨어지므로 한꺼번에 많이 사지 않도록 한다. 감자와 양파는 함께 두면 쉽게 상하므로 따로 보관하는 것이 좋다.
손질한 재료는 데쳐서 두면 2~3일 정도 보관할 수 있다. 썰어놓은 연근은 물에 담가 냉장실에 두고 가끔 물을 갈아준다.

고기

고기는 냉장하면 1~2일 정도, 냉동하면 3주 정도 보관할 수 있다. 덩어리 고기는 기름을 발라내고 랩으로 싸서 냉동한다. 얇게 썬 고기는 사이사이에 랩을 끼우면서 켜켜이 쌓아 밀봉해 냉동실에 둔다.
닭고기는 대파와 저민 생강을 넣고 삶아 국물 속에 담근 채로 식힌 뒤, 건져서 국물을 닦아내고 비닐 랩으로 감싸 냉동한다.

해산물

바로 먹을 것은 밀폐용기에 담아 냉장실에 두고, 오래 둘 것은 냉동 보관한다. 낙지나 오징어는 내장을 빼고 반 갈라 뼈를 발라낸 다음, 굵은 소금을 묻혀 껍질을 벗겨내고 종이타월로 물기를 완전히 닦아서 지퍼백이나 진공백에 담아 냉동실에 둔다. 살짝 데쳐서 물기를 뺀 뒤 얼리면 질겨지지 않아 더 좋다.
새우는 등 쪽의 검은 실 같은 내장을 빼내고 껍데기를 벗긴 다음 물기를 닦고 랩으로 싸서 냉동한다.

샐러드를 만들고 나면 종종 채소, 해산물 등의 재료가 남게 되지요. 남은 재료를 버리지 않고 잘 보관하는 일도
요리 못지않게 중요합니다. 신선함을 유지시키는 재료 보관법을 알아두세요.

과일

재료의 특성에 따라 냉장 보관, 실온 보관 등 온도와 습도를 다
르게 한다. 사과, 배, 단감 등은 냉장 보관하고 파인애플, 바나나
등의 열대과일은 실온에 보관한다. 과일은 수분을 빨리 잃어버
리기 때문에 오래 보관할 경우에는 밀폐용기에 담아서 두는 것
이 좋다.
껍질을 벗긴 과일은 랩으로 꼼꼼하게 싸서 둔다.

tip 남은 레몬즙은 얼음 틀에 얼려 두고 필요할 때마다 꺼내 쓰면
편하다.

견과

지방이 많아 산소와 접촉하면 쉽게 산화해 변질된다. 공기와 닿
지 않게 지퍼백에 담아 밀봉해서 냉동 보관한다.
부패하기 쉽기 때문에 한꺼번에 많이 사지 말고 조금씩 사서 쓴
다. 구운 것보다는 생것을 사는 편이 좋다.

가공식품

옥수수나 콩 등의 통조림은 건더기만 밀폐용기에 옮겨 담아 냉
동 보관한다. 캔에 남긴 채 두면 쉽게 상할 뿐 아니라 캔이 녹슬
면서 유해물질이 흘러나온다.
베이컨, 햄, 소시지는 서로 달라붙지 않게 한 개씩 랩으로 싸서
밀폐용기에 담아 냉장 보관한다.

치즈

숙성될 때와 비슷한 환경에서 보관하는 것이 가장 좋다. 집에서
는 보통 냉장 보관하면 된다. 자른 면끼리 맞붙여 랩으로 싸서
둔다.

Basic

요리 시간을 줄이는 반조리 보관법

닭가슴살

닭가슴살은 샐러드에 많이 쓰는 재료 중 하나다. 미리 삶아 찢어서 한 번 먹을 만큼씩 나눠 담아 냉동 보관해두고 필요할 때 꺼내 쓴다.

반조리 보관법

닭가슴살 1쪽(100g), 마늘 2쪽, 월계수 잎 1장, 통후추 5알, 소금 조금, 물 5컵

1 냄비에 물을 담고 준비한 재료를 모두 넣어 센 불에서 삶는다.

2 삶은 닭가슴살을 한 김 식힌 뒤, 먹기 좋게 찢어서 한 번 먹을 만큼씩 지퍼백에 담아 냉동 보관한다.

tip 다진 마늘을 발라 구워 실온에서 식힌 뒤 찢어서 밀폐용기에 담아 냉장 또는 냉동 보관해도 좋다.

허브 닭가슴살

허브를 묻혀 숙성시키면 누린내가 나지 않아 샐러드에 더 잘 어울린다. 허브는 입맛에 따라 원하는 것을 넣는다.

반조리 보관법

닭가슴살 1쪽(100g), 말린 허브(바질, 타임, 로즈메리 등) 2큰술, 소금·후춧가루 조금씩

1 닭가슴살에 붙어 있는 지방을 깨끗이 떼어 내고, 소금과 후춧가루로 밑간한다.

2 밑간한 닭가슴살에 말린 허브를 고루 묻힌 다음, 지퍼백에 넣고 밀봉해 1시간 이상 냉장실에서 숙성시킨다.

달걀

달걀을 미리 삶아 냉장실에 넣어두면 촉촉한 상태로 4일 정도 보관할 수 있다. 도시락에 삶은 달걀이 필요할 때 전날 삶아두었다가 쓰면 편하다.

반조리 보관법

달걀 3~4개, 물 적당량

1 달걀을 냄비에 담고 달걀이 잠길 정도로 물을 부어 끓인다. 물이 끓기 시작한 뒤 12분이 지나면 불을 끈다.

2 삶은 달걀을 찬물에 담가 식힌 뒤, 밀폐용기에 담아 냉장 보관한다.

재료를 미리 반조리해서 보관해두면 바쁠 때 쉽고 빠르게 요리할 수 있어 편해요.
닭가슴살, 달걀, 감자 등이 반조리하기 좋은 재료들이랍니다. 넉넉하게 준비해두고 먹고 싶을 때 간편하게 즐기세요.

감자·단호박

감자와 단호박은 너무 무르지 않게 쪄서 적당한 크기로 잘라 지퍼백에 담아 냉동 보관한다. 먹을 때 전자레인지에 데워서 쓴다.

반조리 보관법

감자 2~3개, 단호박 1개, 물 적당량

1 감자를 씻어 냄비에 담고 감자가 잠길 정도로 물을 부어 센 불로 끓인다. 물이 끓으면 중간 불로 줄여 25분간 삶는다.

2 단호박은 반 갈라 씨를 빼고 6등분으로 잘라 찜통에 10~20분간 찐다.

3 삶은 감자와 단호박을 한 김 식힌 뒤, 적당히 썰어 밀폐용기나 지퍼백에 한 번 먹을 만큼씩 나눠 담아 냉동 보관한다.

시트러스(감귤류)

오렌지와 자몽, 레몬은 공기와 닿으면 쉽게 시들고 상한다. 과육을 설탕에 절여 냉장 보관해두면 샐러드 토핑이나 드레싱 재료로 좋다.

반조리 보관법

오렌지·설탕 같은 양

1 오렌지를 껍질을 벗기고 과육만 도려낸다.

2 오렌지 과육과 설탕을 밀폐용기에 켜켜이 담고 뚜껑을 닫는다. 반나절쯤 지나 설탕이 다 녹으면 냉장 보관한다.

콩

콩을 90% 정도만 삶아 식힌 뒤 한 번 먹을 만큼씩 담아 냉동 보관한다. 먹을 때는 전자레인지에 데우거나 끓는 물에 데쳐서 쓴다.

반조리 보관법

모둠 콩(완두콩, 강낭콩, 검은콩 등) 100g, 소금 조금, 물 적당량

1 콩을 찬물에 담가 3시간 이상 불린다.

2 냄비에 불린 콩을 담고 콩이 잠길 정도로 물을 부은 다음 소금을 넣어 15분 정도 삶는다.

3 삶은 콩을 한 김 식힌 뒤, 한 번 먹을 만큼씩 밀폐용기나 지퍼백에 담아 냉동 보관한다.

tip 보리, 흑미 등의 곡물도 콩과 마찬가지로 미리 삶아두면 좋다. 반나절 정도 불려서 냄비에 20분간 삶아 한 김 식힌 뒤 지퍼팩에 담아 냉동 보관한다.

Basic

입맛대로 골라 먹는 샐러드 드레싱

기본 드레싱

샐러드에 가장 많이 쓰는 기본 드레싱이다. 어떤 샐러드에도 무난하게 잘 어울리고, 재료도 흔히 구할 수 있는 것들이다. 입맛에 따라 간장, 식초, 소금, 설탕을 조절해도 좋다.

1 오리엔탈 드레싱 기름을 넣지 않고 간장과 참깨를 넣어 깔끔하다. 두부 샐러드나 한식 샐러드에 잘 어울린다.
재료 | 간장·식초·설탕·통깨 1/2큰술씩

2 올리브오일 드레싱 재료 본연의 맛을 살리면서 잘 어우러지는 드레싱이다. 특별한 재료를 넣지 않아도 다양한 풍미를 느낄 수 있다.
재료 | 올리브오일 2큰술, 식초 1큰술, 다진 양파 1큰술, 소금·후춧가루 조금씩

3 발사믹 드레싱 올리브오일과 발사믹 식초를 3 : 1로 섞어 만든다. 풍미가 좋아 전채, 샐러드 등에 다양하게 쓰인다.
재료 | 발사믹 식초 2큰술, 올리브오일 1큰술, 다진 마늘 1작은술, 소금 1/2작은술, 후춧가루 조금

4 마요네즈 드레싱 진한 마요네즈 맛이 나는 드레싱이다. 사과, 귤, 방울토마토 등의 과일과 섞으면 옛날 샐러드의 맛을 낼 수 있다.
재료 | 마요네즈 3큰술, 식초 1큰술, 레몬즙 1작은술, 소금 1작은술, 설탕 1/2작은술, 파슬리 가루·흰 후춧가루 조금씩

5 시저 드레싱 시저 샐러드와 함께 만들어졌다고 추측되는 드레싱이다. 상큼함과 고소함이 함께 느껴지는 드레싱으로 역시나 시저 샐러드와 가장 잘 어울린다.
재료 | 마요네즈 2큰술, 레몬즙 1작은술, 다진 마늘 1작은술, 케이퍼 1/2작은술, 다진 파슬리·파르메산 치즈 가루 1작은술씩, 소금·후춧가루 조금씩

6 허니 머스터드 드레싱 머스터드는 겨자씨의 매콤함 때문에 보통 오리고기와 잘 어울린다. 하지만 허니 머스터드 드레싱은 달콤한 꿀과 새콤한 케이퍼를 넣어서 아삭한 채소와도 잘 어울린다.
재료 | 올리브오일 3큰술, 식초 2큰술, 꿀 1큰술, 디종 머스터드 1/2큰술, 다진 양파 2큰술, 다진 케이퍼 1작은술, 소금·후춧가루 조금씩

7 요구르트 드레싱 플레인 요구르트를 넣어 상큼하면서 고소한 맛이 난다. 거의 모든 과일 샐러드와 잘 어울린다.
재료 | 플레인 요구르트 1/2통(40g), 생크림 1큰술, 식초 1큰술, 설탕 1작은술, 소금 조금

8 사우전드아일랜드 드레싱 누구나 한 번쯤은 맛봤을 대중적인 드레싱이다. 과일보다 양상추, 치커리, 상추 등의 채소와 잘 어울린다. 케첩이 들어가 토마토와 특히 잘 어울린다.
재료 | 마요네즈 3큰술, 토마토케첩·레몬즙 1큰술씩, 다진 양파 1큰술, 다진 피망 2큰술, 다진 피클 1/2큰술, 피클 국물 2큰술, 다진 삶은 달걀 1개분, 다진 파슬리 1작은술, 소금·후춧가루 조금씩

9 발사믹 글레이즈 발사믹 식초를 졸인 것으로 발사믹 식초의 맛과 향이 난다. 카프레제 샐러드에 뿌리며, 리코타 치즈나 생 모차렐라 치즈 등을 넣은 샐러드와 잘 어울린다.
재료 | 발사믹 식초 3큰술, 물 1큰술, 설탕 1큰술, 소금·후춧가루 조금씩

재료가 같아도 드레싱에 따라 전혀 다른 샐러드가 돼요. 기본 드레싱부터 상큼한 드레싱, 크리미한 드레싱 등 다양한 맛의 드레싱을 소개합니다. 매일매일 다르게 즐기세요.

상큼한 드레싱

유자, 키위, 망고, 파이애플 등을 넣어 새콤달콤하다. 주로 해산물이나 고기를 넣어 만든 샐러드와 잘 어울린다. 씹는 맛을 좋아한다면 키위, 망고, 파인애플 등을 크게 다져 넣는다.

1 **파인애플 키위 드레싱** 과일 드레싱이지만 고기와 잘 어울린다. 특히 구운 쇠고기가 들어간 샐러드에 넣으면 파인애플과 키위가 느끼함을 잡아준다.
　재료 | 파인애플 150g(또는 통조림 파인애플 1쪽), 키위 1/2개, 양파 1/4개, 올리브오일 2큰술, 식초 1큰술

2 **레몬 발사믹 드레싱** 발사믹 식초의 상큼함과 레몬의 상큼함이 잘 어우러진 드레싱이다. 굽거나 튀긴 닭고기가 들어간 샐러드와 잘 맞는다.
　재료 | 레몬즙·발사믹 식초 2큰술씩, 올리브오일 1큰술, 소금 1/2작은술, 후춧가루 조금

3 **올리브 레몬 드레싱** 샐러드 재료의 신선함과 고유의 맛과 향을 드레싱 때문에 방해받고 싶지 않다면 산뜻하고 가벼운 올리브 레몬 드레싱을 곁들인다.
　재료 | 레몬즙 3큰술, 레몬 제스트 1큰술, 올리브오일·꿀 1큰술씩, 다진 블랙 올리브 1큰술, 소금 1/2작은술

4 **유자 요구르트 드레싱** 고소하고 상큼한 요구르트에 향기로운 유자청을 더했다. 드레싱의 맛을 잘 느끼려면 로메인 레터스, 양상추, 상추, 치커리 등 맛과 향이 강하지 않고 쌉싸래한 채소를 넣은 샐러드와 함께 먹는 것이 좋다.
　재료 | 유자청 1/2컵, 플레인 요구르트 1/2통(40g), 레몬즙 1작은술, 소금 1작은술

5 **유자 드레싱** 유자청을 이용한 간단하면서 색다른 드레싱이다. 새콤달콤한 유자의 맛과 향이 과일보다 채소가 주재료인 샐러드와 잘 어울린다.
　재료 | 유자청·물 2큰술씩, 식초 3큰술, 설탕·소금 1작은술씩

6 **망고 요구르트 드레싱** 마트에서 흔히 파는 냉동 망고를 이용하면 쉽게 만들 수 있다. 샐러드를 더 시원하고 싱그럽게 만든다.
　재료 | 간 망고 1/4컵, 플레인 요구르트 1/4통(20g), 꿀 1작은술, 레몬즙 1/2작은술, 소금 1/2작은술

7 **키위 드레싱** 상큼하고 달콤하면서 키위 씨의 쌉싸래한 맛이 과일, 파프리카와 잘 어울린다.
　재료 | 키위 1개, 양파 1/4개, 포도씨오일 3큰술, 식초 2큰술, 설탕 1큰술, 소금 1작은술

8 **레몬 양파 드레싱** 레몬과 양파의 향도 좋지만, 해산물의 비린내를 잡아주기 때문에 훈제연어 샐러드 등 해산물이 들어간 샐러드와 잘 어울린다.
　재료 | 레몬즙 3큰술, 레몬 제스트 1큰술, 올리브오일·꿀 1큰술씩, 다진 양파 1작은술, 소금 1/2작은술

9 **바질 페스토** 주로 파스타의 소스로 쓰지만, 향기로운 생 바질의 향을 느끼고 싶다면 잎채소 샐러드에 이용해도 좋다.
　재료 | 생 바질 20장, 잣 2작은술, 올리브오일 3큰술, 파르메산 치즈 가루 2큰술, 소금 조금

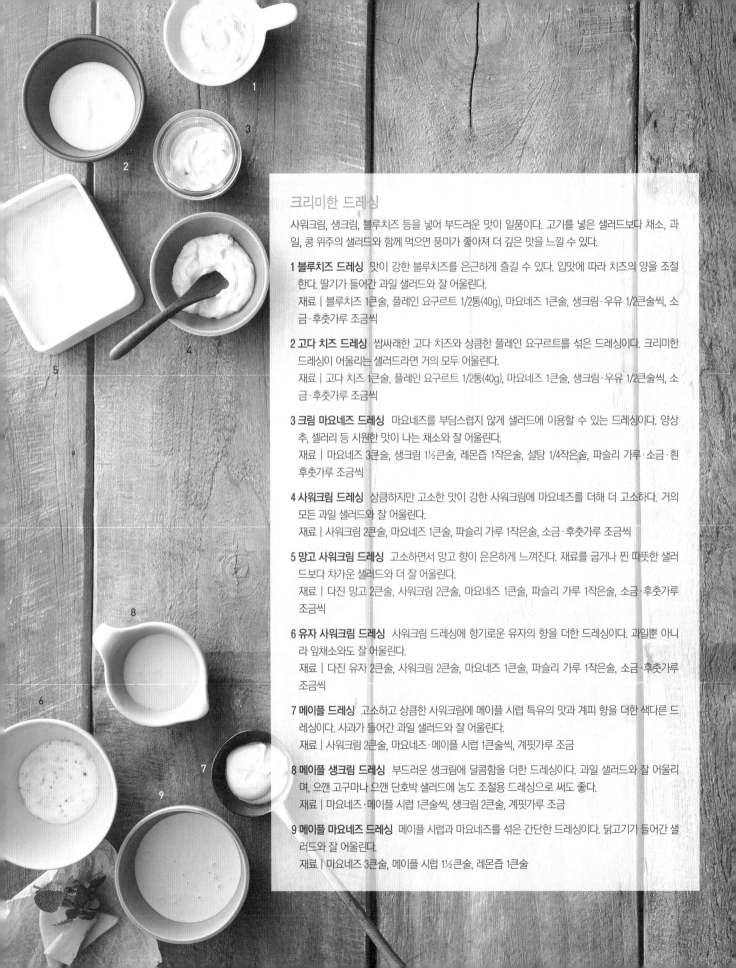

크리미한 드레싱

사워크림, 생크림, 블루치즈 등을 넣어 부드러운 맛이 일품이다. 고기를 넣은 샐러드보다 채소, 과일, 콩 위주의 샐러드와 함께 먹으면 풍미가 좋아져 더 깊은 맛을 느낄 수 있다.

1 블루치즈 드레싱 맛이 강한 블루치즈를 은근하게 즐길 수 있다. 입맛에 따라 치즈의 양을 조절한다. 딸기가 들어간 과일 샐러드와 잘 어울린다.
　재료 | 블루치즈 1큰술, 플레인 요구르트 1/2통(40g), 마요네즈 1큰술, 생크림·우유 1/2큰술씩, 소금·후춧가루 조금씩

2 고다 치즈 드레싱 쌉싸래한 고다 치즈와 상큼한 플레인 요구르트를 섞은 드레싱이다. 크리미한 드레싱이 어울리는 샐러드라면 거의 모두 어울린다.
　재료 | 고다 치즈 1큰술, 플레인 요구르트 1/2통(40g), 마요네즈 1큰술, 생크림·우유 1/2큰술씩, 소금·후춧가루 조금씩

3 크림 마요네즈 드레싱 마요네즈를 부담스럽지 않게 샐러드에 이용할 수 있는 드레싱이다. 양상추, 셀러리 등 시원한 맛이 나는 채소와 잘 어울린다.
　재료 | 마요네즈 3큰술, 생크림 1½큰술, 레몬즙 1작은술, 설탕 1/4작은술, 파슬리 가루·소금·흰 후춧가루 조금씩

4 사워크림 드레싱 상큼하지만 고소한 맛이 강한 사워크림에 마요네즈를 더해 더 고소하다. 거의 모든 과일 샐러드와 잘 어울린다.
　재료 | 사워크림 2큰술, 마요네즈 1큰술, 파슬리 가루 1작은술, 소금·후춧가루 조금씩

5 망고 사워크림 드레싱 고소하면서 망고 향이 은은하게 느껴진다. 재료를 굽거나 찐 따뜻한 샐러드보다 차가운 샐러드와 더 잘 어울린다.
　재료 | 다진 망고 2큰술, 사워크림 2큰술, 마요네즈 1큰술, 파슬리 가루 1작은술, 소금·후춧가루 조금씩

6 유자 사워크림 드레싱 사워크림 드레싱에 향기로운 유자의 향을 더한 드레싱이다. 과일뿐 아니라 잎채소와도 잘 어울린다.
　재료 | 다진 유자 2큰술, 사워크림 2큰술, 마요네즈 1큰술, 파슬리 가루 1작은술, 소금·후춧가루 조금씩

7 메이플 드레싱 고소하고 상큼한 사워크림에 메이플 시럽 특유의 맛과 계피 향을 더한 색다른 드레싱이다. 사과가 들어간 과일 샐러드와 잘 어울린다.
　재료 | 사워크림 2큰술, 마요네즈·메이플 시럽 1큰술씩, 계핏가루 조금

8 메이플 생크림 드레싱 부드러운 생크림에 달콤함을 더한 드레싱이다. 과일 샐러드와 잘 어울리며, 으깬 고구마나 으깬 단호박 샐러드에 농도 조절용 드레싱으로 써도 좋다.
　재료 | 마요네즈·메이플 시럽 1큰술씩, 생크림 2큰술, 계핏가루 조금

9 메이플 마요네즈 드레싱 메이플 시럽과 마요네즈를 섞은 간단한 드레싱이다. 닭고기가 들어간 샐러드와 잘 어울린다.
　재료 | 마요네즈 3큰술, 메이플 시럽 1½큰술, 레몬즙 1큰술

매콤한 드레싱

씨겨자, 양파, 고추냉이 등을 넣어 만든 매콤한 드레싱이에요. 고기, 해산물과도 어울리고, 파스타나 면을 넣어 만든 샐러드와도 잘 맞아요. 과일 샐러드에는 곁들이지 마세요.

1 겨자 오렌지 드레싱 입맛 없는 봄이나 여름에 샐러드에 곁들이면 좋다. 죽순, 버섯, 과일에 뿌려 먹으면 입맛도 살아나고 영양도 만점이다.
　재료 | 오렌지즙 2큰술, 맛술 1큰술, 연겨자 1작은술, 다진 양파 1큰술

2 고추냉이 간장 드레싱 약간 매우면서 깔끔한 드레싱으로 고추냉이의 알싸한 맛이 코끝을 자극한다. 새콤하면서도 달콤해 해산물 샐러드와 잘 어울린다.
　재료 | 간장 2큰술, 다진 양파·다진 쪽파 2큰술씩, 고추냉이 1작은술, 참기름·맛술 1큰술씩

3 스위트 칠리 땅콩 드레싱 매콤하면서도 달콤해 채소와 잘 어울린다. 어린잎채소를 넣은 샐러드를 버무려 먹으면 맛있다.
　재료 | 스위트 칠리 소스·다진 땅콩 1½큰술씩, 식초 2큰술, 올리브오일 1큰술, 발사믹 식초 1작은술, 다진 마늘 1작은술

4 레몬 갈릭 드레싱 칼로리도 낮고 상큼한 맛이 좋다. 치즈, 토마토와 같이 먹으면 치즈의 고소함, 레몬의 상큼함, 토마토의 싱싱함을 모두 느낄 수 있다.
　재료 | 레몬즙 3큰술, 레몬 제스트 1큰술, 올리브오일·꿀 1큰술씩, 다진 마늘 1/4작은술

5 갈릭 머스터드 드레싱 남녀노소 부담 없이 즐길 수 있는 대중적인 맛이다. 치킨 양상추 샐러드나 소시지 샐러드 등과 잘 어울린다.
　재료 | 올리브오일 3큰술, 식초 2큰술, 꿀 1큰술, 디종 머스터드 1/2큰술, 다진 마늘·다진 케이퍼 1작은술씩, 소금·후춧가루 조금씩

6 레몬 양파 드레싱 새콤한 맛을 더한 드레싱으로 당근, 사과, 양파, 쌈 채소와 잘 어울린다. 레몬즙이 사과의 갈변을 막고 사과의 향긋함과 달콤함을 잘 살려준다.
　재료 | 레몬즙 3큰술, 레몬 제스트 1큰술, 올리브오일·꿀 1큰술씩, 다진 양파 1큰술, 소금 1/2작은술

7 씨겨자 요구르트 드레싱 다른 매콤한 드레싱에 비해 부드럽고 가볍고 새콤달콤하다. 입맛을 돋우며, 모차렐라 치즈를 넣은 샐러드와 잘 어울린다.
　재료 | 플레인 요구르트 1/2통(40g), 홀그레인 머스터드·레몬즙 1큰술씩, 꿀 1작은술, 소금 1/2작은술

8 홀스래디시 드레싱 홀스래디시에 달걀을 더하면 더 부드럽고 고소한 맛이 난다. 주로 연어와 같은 생선 요리에 많이 쓰지만, 재료가 살짝 단단한 샐러드에도 잘 어울린다.
　재료 | 마요네즈 1큰술, 홀스래디시 소스·생크림 1/2큰술씩, 레몬즙 1작은술, 소금·후춧가루 조금씩

고소한 드레싱

들깨, 호두, 잣 등을 넣어 만든 드레싱으로 고소한 맛이 매력적이다. 크리미한 드레싱처럼 부드럽지만 좀 더 가볍게 즐길 수 있다. 과일, 채소 샐러드에 곁들이기 좋다.

1 호두 요구르트 드레싱 요구르트의 새콤달콤함에 아작아작한 호두가 씹는 맛을 더한다. 과일 샐러드와 잘 어울린다.
　　재료 | 호두살 4쪽, 플레인 요구르트 1/2통(40g), 식초 1큰술, 설탕 1작은술, 소금 조금

2 너트 요구르트 드레싱 여러 가지 견과를 넣어 영양을 두루 갖춘 드레싱이다. 채소만으로 이루어진 샐러드에 곁들이면 부족한 단백질과 미네랄을 채울 수 있다.
　　재료 | 견과 2큰술, 플레인 요구르트 1/2통(40g), 마요네즈·꿀·레몬즙 1큰술씩

tip 홈메이드 요구르트 만들기

재료 | 우유 1L, 요구르트 150mL
우유와 요구르트를 고루 섞이도록 충분히 저은 다음, 뚜껑이 있는 그릇에 적당히 나눠 담아 보온밥통에 넣고 '보온' 모드로 1시간 정도 둔다. 1시간 뒤에 코드를 뽑고 7시간 정도 그대로 두면 완성된다. 시판하는 요구르트제조기를 쓰면 더 쉽게 만들 수 있다.
이때 우유는 일반 우유를 쓴다. 저지방 우유, 칼슘강화 우유는 요구르트를 만들 때 분리현상이 일어날 수 있다. 요구르트는 '농후발효유'라고 적혀 있는 제품으로 준비한다.

3 잣 요구르트 드레싱 잣의 깊은 고소함이 특징이다. 과일 샐러드에 곁들이면 고소한 맛이 채워져 맛의 균형을 이룬다.
　　재료 | 다진 잣 2큰술, 플레인 요구르트 1/2통(40g), 배즙 1큰술, 꿀 1작은술, 소금·후춧가루 조금씩

4 들깨 드레싱 고소한 맛이 입맛을 돋운다. 고기, 생선, 채소 모든 재료에 잘 어울리는 전천후 드레싱으로 특히 버섯과 궁합이 좋다.
　　재료 | 들깨 2큰술, 마요네즈·레몬즙 2큰술씩, 우유 3큰술, 소금·후춧가루 조금씩

tip 홈메이드 마요네즈 만들기

재료 | 달걀노른자 1개분, 소금 1/4작은술, 설탕 2작은술, 식초 1작은술, 올리브오일 1컵
달걀을 실온에 두어 차지 않게 준비해 흰자와 노른자를 나눈다. 볼에 달걀노른자와 소금, 설탕, 식초를 넣고 핸드믹서로 거품을 내면서 올리브오일을 조금씩 붓는다. 거품을 충분히 내지 않으면 마요네즈가 분리되기 때문에 올리브오일을 처음부터 많이 넣지 말고 아주 조금씩 넣으면서 거품 낸다. 뽀얗게 색이 변하면 다 된 것이다.

새콤하고 감칠맛 나는 드레싱

다른 드레싱에 비해 맛이 깊고 감칠맛이 난다. 이 드레싱을 곁들이면 샐러드 한 접시만으로도 식사 못지않게 다양하고 깊은 맛을 느낄 수 있다. 고기나 해산물을 넣은 샐러드와 잘 어울린다.

1 매실청 간장 드레싱 새콤하면서도 달콤한 매실청의 맛과 향이 입맛을 돋운다. 쇠고기와 두부에 잘 어울리는 드레싱이다.

재료 | 매실청·간장 2큰술씩, 포도씨오일·레몬즙 1큰술씩, 소금·후춧가루 조금씩

tip 매실청 만들기

매실을 깨끗이 씻어 이쑤시개로 꼭지를 모두 딴다. 매실과 설탕을 같은 양으로 준비해 열탕 소독한 병에 켜켜이 담은 다음, 마지막에 설탕을 1cm 두께로 덮고 뚜껑을 닫는다. 실온에서 설탕이 녹을 때까지 숙성시킨다.

2 씨겨자 간장 드레싱 겨자 소스보다는 톡 쏘는 맛이 덜하지만 새콤한 맛이 난다. 더운 여름철에 시원하게 즐길 수 있다.

재료 | 올리브오일·식초 2큰술씩, 간장 1큰술, 홀그레인 머스터드 1/2큰술, 다진 양파 2큰술, 후춧 가루 조금

3 양파청 드레싱 상큼한 맛이 나 먹을수록 끌리는 드레싱이다. 샐러드에 버무려 먹으면 톡 쏘는 양 파 향이 입맛을 돋운다.

재료 | 양파청 2큰술, 포도씨오일·레몬즙 1큰술씩, 소금·후춧가루 조금씩

tip 양파청 만들기

양파를 껍질을 벗기고 채 썬다. 양파와 설탕을 같은 양으로 준비해 열탕 소독한 병에 켜켜이 담은 다음, 마지막에 설탕을 1cm 두께로 덮고 뚜껑을 닫는다. 실온에서 설탕이 녹을 때까지 숙성시킨다.

4 유자 폰즈 드레싱 다시마가다랑어포 국물을 이용한 드레싱으로 감칠맛을 진하게 느낄 수 있다. 동양식 샐러드에 잘 어울린다.

재료 | 유자청·식초·레몬즙 1큰술씩, 다시마가다랑어포 국물 2큰술, 간장 1½큰술, 설탕 1작은술

tip 유자청 만들기

유자를 깨끗이 씻어 꼭지를 떼고 반으로 갈라 씨를 모두 발라낸 뒤 가늘게 채 썬다. 유자와 설탕을 같은 양으로 준비해 열탕 소독한 병에 켜켜이 담은 다음, 마지막에 설탕을 1cm 두께로 덮고 뚜껑을 닫는 다. 실온에서 설탕이 녹을 때까지 숙성시킨다.

5 타이 드레싱 새콤달콤하면서 독특한 맛이 난다. 양파, 망고 등 향이 강한 채소, 열대 과일, 구운 쇠고기에 라임주스 등을 섞어 만든 샐러드에 뿌려 먹는다.

재료 | 간장·올리브오일 2큰술씩, 식초 1큰술, 다진 홍고추 1/2개분, 다진 마늘 2작은술, 말린 바 질 1작은술, 라임즙 1/2개분(또는 레몬즙 1/4개분)

6 간장 깨소금 드레싱 모든 재료를 같은 양으로 섞어 만든다. 상추, 쑥갓, 시금치, 치커리 등 날로 먹을 수 있는 채소에 끼얹어 먹으면 개운한 한국식 샐러드가 된다.

재료 | 간장·식초·들기름·깨소금·설탕·다진 쪽파 1큰술씩

재료와 잘 어울리는 드레싱 고르기

맛과 향이 연한 채소

양상추, 로메인 레터스 등 맛과 향이 연한 채소
가 들어간 샐러드는 올리브오일이나 레몬 등으
로 만든 드레싱을 곁들여 상큼하고 깔끔한 맛을
살린다. 또는 반대로 드레싱의 향을 느낄 수 있
도록 바질 페스토 등을 곁들여도 좋다.

잘 어울리는 드레싱

- 올리브오일 드레싱
- 유자 요구르트 드레싱
- 바질 페스토
- 유자 드레싱
- 레몬 양파 드레싱

맛과 향이 강한 채소

청겨자, 적겨자, 치커리 등 맵거나 쌉싸래한 채
소는 샐러드의 맛을 좌우할 만큼 맛과 향이 강
하다. 오리엔탈 드레싱 같은 기본 드레싱이나 감
칠맛 나는 드레싱이 맛과 향이 강한 채소와 잘
어우러진다.

잘 어울리는 드레싱

- 오리엔탈 드레싱
- 매실청 간장 드레싱
- 양파청 드레싱

감자 & 고구마 & 단호박

자극적이지 않고 달콤한 고구마와 단호박은 식
초나 과일로 만든 새콤한 드레싱보다 고소하고
크리미한 드레싱이 어울린다. 마요네즈나 견과
등이 들어간 드레싱을 곁들인다. 자칫 밋밋하게
느껴질 수 있는 감자는 포인트가 되는 발사믹
드레싱도 잘 어울린다.

잘 어울리는 드레싱

- 발사믹 글레이즈
- 크림 마요네즈 드레싱
- 메이플 생크림 드레싱
- 메이플 마요네즈 드레싱
- 시저 드레싱
- 들깨 드레싱

샐러드는 재료의 조합도 중요하지만, 얼마나 어울리는 드레싱을 곁들이냐에 따라 맛이 달라져요.
재료의 특성에 따라 어울리는 드레싱이 따로 있답니다. 기억해두었다가 최고의 샐러드를 즐기세요.

과일

새콤달콤한 과일을 샐러드로 먹을 땐 똑같이 달콤한 드레싱보다 크리미하면서 고소한 드레싱이나 재료 본연의 맛과 향을 지킬 수 있는 드레싱을 고른다. 올리브오일이나 생크림, 요구르트 등이 들어간 드레싱이 좋다.

잘 어울리는 드레싱

- 올리브오일 드레싱
- 마요네즈 드레싱
- 요구르트 드레싱
- 사워크림 드레싱
- 블루치즈 드레싱
- 너트 요구르트 드레싱

고기

닭고기, 쇠고기, 돼지고기, 오리고기 등 샐러드에 들어가는 고기는 차게 먹는 경우가 많다. 연하게 조리해서 연화작용을 하는 파인애플, 키위, 양파 등이 들어간 드레싱과 먹는다. 느끼함을 잡아주는 마늘이나 고추 등의 향신 채소를 넣은 드레싱도 좋다.

잘 어울리는 드레싱

- 키위 드레싱
- 파인애플 키위 드레싱
- 레몬 양파 드레싱
- 양파청 드레싱
- 갈릭 머스터드 드레싱
- 씨겨자 간장 드레싱

해산물

오징어, 조개, 연어 등의 해산물을 찬 샐러드로 먹을 때는 비린내가 걱정된다. 레몬, 양파, 케이퍼, 홀스래디시, 고추냉이 등을 넣은 드레싱을 곁들이면 비린내를 잡을 수 있다. 해산물을 익히기 전에 레몬과 양파에 20분 정도 절여 1차로 비린내를 없애고, 앞에서 말한 드레싱을 곁들이면 완벽하다.

잘 어울리는 드레싱

- 올리브 레몬 드레싱
- 레몬 양파 드레싱
- 고추냉이 간장 드레싱
- 홀스래디시 드레싱
- 겨자 오렌지 드레싱
- 레몬 갈릭 드레싱

Basic

샐러드 도시락 싸는 요령

물기를 완전히 뺀다

재료를 따로 담는다

뜨거운 음식은 충분히 식혀서 담는다

물기를 완전히 뺀다

도시락으로 싸기에는 물이 많이 나오지 않는 샐러드나 살짝 익힌 샐러드가 좋다. 삶은 닭고기, 삶은 아스파라거스나 브로콜리를 넣은 샐러드를 추천한다. 상추나 양상추는 시간이 지나면 시들기 때문에 도시락으로 싸 가면 먹을 때 맛과 질감이 떨어진다.

tip 채소의 물기를 뺄 때 체에 종이타월을 깔고 채소를 담으면 물기가 더 잘 빠진다.

재료를 따로 담는다

샐러드 재료를 한꺼번에 담으면 수분 때문에 채소가 무르거나 상할 수 있다. 물기를 완전히 뺀 뒤 따로따로 지퍼백에 담는다. 먹기 직전에 모든 재료를 접시에 담아 버무려 먹으면 더 싱싱하고 맛있게 먹을 수 있다.

뜨거운 음식은 충분히 식혀서 담는다

닭가슴살, 감자, 달걀, 파프리카 등 삶거나 구운 재료를 넣은 샐러드는 완전히 식은 다음에 뚜껑을 닫는다. 특히 더운 여름철에 제대로 식히지 않은 채 싸 가서 먹으면 식중독의 원인이 될 수 있다.

요즘은 도시락으로 샐러드를 싸 가는 사람들이 많아졌어요. 샐러드 도시락을 맛있게 먹기 위해서는 몇 가지 요령이 필요해요. 맛과 신선도를 유지시키고 영양도 보충하는 도시락 싸기 요령을 알아봅니다.

파스타는 올리브오일로 버무린다

드레싱을 따로 담는다

빵을 곁들여 샌드위치로 먹는다

아이스 팩이나 아이스크림 봉투를 활용한다

파스타는 올리브오일로 버무린다

파스타를 넣은 샐러드를 쌀 때는 삶은 파스타의 물기를 뺀 뒤 올리브오일을 살짝 넣고 버무려 담는다. 파스타가 서로 달라붙지 않고 붇지 않는다.

드레싱을 따로 담는다

샐러드에 드레싱을 미리 뿌려 가지고 가면 시간이 지나면서 물이 생기고 아삭거리는 질감이 떨어진다. 드레싱을 밀폐용기에 따로 담아 가지고 가서 먹을 때 바로 뿌려 먹는다.

빵을 곁들여 샌드위치로 먹는다

빵을 함께 싸 가지고 가서 곁들여 먹으면 한결 든든하고 영양도 보완된다. 곡물빵, 포카치아 등 달지 않은 담백한 빵이 어울린다. 샐러드를 빵에 넣어 샌드위치를 만들어 먹어도 맛있다.

아이스 팩이나 보냉봉투를 활용한다

냉동식품에 들어 있는 아이스 팩, 아이스크림이나 팥빙수 등을 살 때 넣어 주는 은박지 보냉봉투 등을 버리지 말고 도시락 쌀 때 이용한다. 밀폐용기에 샐러드를 담고 아이스 팩을 올려 보냉봉투에 넣으면 신선도를 좀 더 오래 유지시킬 수 있다.

Part 1

영양을 골고루
한 끼 샐러드

단호박, 고구마, 연근 등 단단한 채소로 만든 샐러드예요.
좋아하는 재료를 골라 먹는 재미가 쏠쏠해요.

채소찜 샐러드 1인분 423kcal

재료(1인분)

단호박 40g
고구마 1/2개
브로콜리·연근 30g씩
마 20g
양배추 20g
소금 조금

잣 요구르트 드레싱 1인분 221kcal

다진 잣 1/2큰술
플레인 요구르트 20g
배즙 1큰술
꿀 1작은술
소금·후춧가루 조금씩

재료

1 브로콜리는 작은 송이로 나누고, 나머지 채소는 씻어 먹기 좋게 썰어서 소금을 뿌린다.

2 김이 오른 찜통에 양배추, 연근, 마, 브로콜리, 단호박, 고구마 순으로 넣어 찐다. 빨리 익는 재료부터 먼저 꺼낸다.

3 그릇에 찐 채소를 담고 드레싱을 곁들인다.

버무려도 맛있고 찍어 먹어도 좋아요

채소들을 드레싱에 버무려 먹어도 맛있지만, 따로 담아서 하나씩 찍어 먹어도 좋아요. 요것조것 골라 먹을 수 있도록 입맛에 맞춰 여러 가지 채소를 준비해보세요.

신선한 로메인 상추에 무화과와 바게트를 곁들인 샐러드예요.
재료가 간단해 준비하기 쉽고 맛 또한 어떤 샐러드 못지않아요.

무화과 로메인 샐러드 1인분 515kcal

재료(1인분)

통밀 바게트 3쪽
무화과 1½개
로메인 레터스 50g
호두 2쪽

무화과 드레싱 1인분 216kcal

무화과 1개
다진 양파 1큰술
발사믹 식초 2큰술
올리브오일 1큰술
꿀 1/2큰술
소금·후춧가루 조금씩

3

1 슬라이스한 바게트를 기름 두르지 않은 프라이팬에 살짝 굽는
   다. 너무 큰 것은 한입에 먹기 좋게 자른다.

2 잘 익은 생무화과를 물에 깨끗이 씻어서 물기를 닦은 뒤 세로로
   4등분한다.

3 로메인 레터스는 물에 살살 흔들어 씻은 뒤 물기를 털고, 큼직하
   게 잘라 접시에 담는다. 얼음물에 담갔다가 먹기 직전에 건지면
   싱싱함을 유지할 수 있다.

4 접시에 로메인 레터스을 깔고 무화과 조각과 바게트를 듬성듬성
   올린 다음 호두를 부숴서 뿌린다.

5 무화과 드레싱을 잘 섞어 샐러드 위에 뿌린다.

무화과는 얼려서 보관하세요

무화과는 금방 무르니 오래 보관하려면 냉동하세요. 잘 씻어서 껍질째 얼
렸다가 주스나 드레싱, 소스 재료로 사용하면 좋아요.

바나나에 계핏가루를 뿌려 구우면 향긋하고 달콤한 냄새가 입맛을 당겨요.
바게트를 넣어 속도 든든하답니다.

구운 바나나 바게트 샐러드 1인분 472kcal

재료(2인분)

바나나 2개
바게트 2쪽
양상추 40g
쌈 채소(치커리, 청겨자, 적근대 등) 30g
계핏가루 2작은술
버터 1큰술

메이플 마요네즈 드레싱 1인분 134kcal

메이플 시럽 1½큰술
마요네즈 3큰술
레몬즙 1큰술

1 양상추와 쌈 채소를 한입 크기로 뜯어 찬물에 담가두었다가 물기를 뺀다.

2 바게트를 한입 크기로 잘라 달군 팬에 살짝 굽는다.

3 달군 팬에 버터를 녹인 뒤, 껍질 벗긴 바나나를 넣고 계핏가루를 뿌려 노릇하게 굽는다.

4 접시에 양상추와 쌈 채소를 담고 구운 바게트와 바나나를 올린 뒤 드레싱을 뿌린다.

바나나는 굽지 않아도 좋아요

과일을 구우면 신맛이 줄고 단맛이 늘어요. 바나나는 물론 파인애플, 사과 등도 구우면 더 달답니다. 달콤한 맛을 좋
아한다면 구운 바나나, 생과일의 신선함을 좋아한다면 굽지 말고 그대로 넣으세요.

영양 보충이 필요할 때 좋은 샐러드예요. 특히 등심은 빈혈 예방에 좋답니다.
어질어질, 기운 없을 때 등심 샐러드를 준비하세요.

등심 샐러드 1인분 394kcal

재료(2인분)

쇠고기 등심 120g
양배추 100g
노란 파프리카 1/2개
아스파라거스 2줄기
방울토마토 5개
소금·후춧가루 조금씩
올리브오일 2큰술

자몽 양파 드레싱 1인분 103kcal

자몽즙 2큰술
다진 양파 1작은술
꿀·식초 1큰술씩
올리브오일 1큰술
소금 1/3작은술

재료

2

5

1 쇠고기 등심을 찬물에 20분간 담가 핏물을 뺀다.

2 파프리카는 반 갈라 씨를 빼고 1cm 폭으로 길게 썬다.

3 아스파라거스는 반으로 자르고, 양배추는 비슷한 크기로 채 썬다.

4 달군 팬에 올리브오일을 두른 뒤 양배추, 파프리카, 아스파라거스, 방울토마토를 넣고 소금, 후춧가루로 간해 1~2분간 굽는다.

5 쇠고기를 종이타월에 올려 물기를 뺀 뒤, 달군 팬에 올리브오일을 두르고 소금, 후춧가루로 간해 굽는다.

6 구운 쇠고기를 썰어 채소와 함께 접시에 담고 드레싱을 곁들인다.

식물성 단백질이 풍부한 콩을 샐러드로 즐기세요.
달콤한 밤과 새콤한 자몽을 넣어 맛도 더하고 영양도 보충했어요.

모둠 콩 샐러드 1인분 365kcal

1 콩을 모두 3시간 이상 불린 뒤, 끓는 물에 소금을 넣고 삶아 식힌다.

2 그린 빈은 끓는 물에 살짝 데쳐 2cm 길이로 썬다.

3 셀러리는 필러로 질긴 섬유질을 벗겨내고 그린 빈과 같은 크기로 썬다.

4 밤은 껍질을 벗겨 끓는 물에 삶고, 자몽은 껍질을 벗겨 결대로 썬다.

5 콩과 그린 빈, 셀러리, 밤, 자몽을 섞어 그릇에 담고 드레싱을 뿌린다.

재료

2

3

4

재료(2인분)

여러 가지 콩
(완두콩, 강낭콩, 검은콩 등) 100g
그린 빈 5개
셀러리 20g
자몽 1/2개
밤 5개

크림 요구르트 드레싱 1인분 81kcal
생크림·식초 1큰술씩
플레인 요구르트 1/2통(40g)
설탕 1작은술
소금 조금

맛밤을 쓰면 편해요

밤 껍질을 깎기가 번거로우면 깎아놓은
밤을 준비하세요. 시중에서 파는 맛밤을
쓰면 더 편해요. 삶을 필요 없이 샐러드에
바로 올리면 돼 시간도 줄일 수 있어요.

제철 과일은 영양이 풍부하고 맛도 좋아요. 게다가 값도 싸서 샐러드를 만들기에
부담이 없지요. 그때그때 좋아하는 제철 과일로 만들어 즐기세요.

제철 과일 샐러드 1인분 341kcal

재료(2인분)

바나나·오렌지 1/2개씩
포도(레드글로브)·수박·망고 100g씩
블루베리 30g
애플민트 조금

블루치즈 드레싱 1인분 93kcal
블루치즈 1큰술
플레인 요구르트 1/2통(40g)
마요네즈 1큰술
생크림·우유 1/2큰술씩
소금·후춧가루 조금씩

1 바나나는 껍질을 벗겨 반달 모양으로 썬다.

2 오렌지, 수박, 망고를 사방 2cm 크기로 깍둑썰기
한다.

3 그릇에 과일을 모두 담고 애플민트를 올린 뒤 드
레싱을 뿌린다.

블루치즈가 없으세요?

피자에 흔히 들어가는 고르곤졸라 치즈가 바로 블루치즈예
요. 치즈에 푸른색이 섞여 있는데, 향이 강하니 조금씩 넣어
맛을 보면서 만드는 것이 좋아요. 블루치즈가 없으면 다른 치
즈를 넣어도 돼요. 고다 치즈, 에담 치즈, 페타 치즈, 크림치즈
등 부드러운 치즈가 잘 어울린답니다.

출출할 때 든든하게 먹을 수 있는 샐러드예요.
상큼한 레몬 드레싱이 소시지의 느끼함을 잡아줘 맛의 균형이 딱 맞아요.

구운 소시지 새우 샐러드 1인분 268kcal

재료

재료(2인분)

수제 소시지 2개
대하 2마리
양상추 50g
어린잎채소 20g
레몬 1/2개
소금·후춧가루 조금씩
올리브오일 조금

레몬 갈릭 드레싱 1인분 65kcal
레몬즙 3큰술
레몬 제스트 1큰술
다진 마늘 1/4작은술
꿀·올리브오일 1큰술씩

2   4

레몬 제스트를 만들 때는 깨끗이 씻으세요

레몬 제스트는 레몬 껍질을 강판에 간 것을 말해요. 껍질을 쓰기 때문에 레몬에 묻은 농약과 코팅 왁스를 완전히 씻어내야 한답니다. 물에 베이킹소다를 풀고 15분 정도 담가 두었다가 솔로 문질러 닦은 다음 끓는 물에 살짝 데쳐 왁스를 녹이세요.

1 양상추를 먹기 좋게 뜯어 찬물에 담가두었다가 체에 밭쳐 물기를 **뺀다**. 셀러리는 어슷하게 썬다.

2 어린잎채소를 씻어 찬물에 담가두었다가 물기를 **뺀다**.

3 대하를 깨끗이 씻어 소금, 후춧가루, 레몬즙으로 밑간해둔다.

4 달군 팬에 올리브오일을 두르고 밑간한 새우를 2분 정도 구운 뒤, 소시지도 칼집 내어 3~4분간 굽는다.

5 양상추와 어린잎채소를 섞어 접시에 담고 구운 새우와 소시지를 올린 뒤 드레싱을 뿌린다.

귀여운 몽키바나나를 넣은 크랜베리 시리얼 샐러드는 아이들도 참 좋아해요.
너트 요구르트 드레싱에 버무려 맛도 그만이에요.

크랜베리 시리얼 샐러드 1인분 287kcal

재료(2인분)

몽키바나나 6개
사과·오이 1/2개씩
셀러리 20g
시리얼 20g
말린 크랜베리 5g

너트 요구르트 드레싱 1인분 78kcal

견과류 2큰술
플레인 요구르트 1/2통(40g)
꿀·마요네즈·레몬즙 1큰술씩

1 오이는 반 갈라 씨를 빼고 어슷하게 썬다. 셀러리
　도 섬유질을 벗겨내고 비슷한 크기로 썬다.

2 사과는 깨끗이 씻어 사방 2cm 크기로 썬다.

3 몽키바나나는 껍질을 벗겨 2~3등분으로 어슷하
　게 썬다.

4 드레싱 재료를 믹서에 넣고 견과류가 씹힐 정도
　로 갈아 섞는다.

5 바나나, 오이, 셀러리, 사과, 시리얼을 드레싱에 버
　무려 그릇에 담고 크랜베리를 뿌린다.

아삭한 숙주와 양상추, 오이를 달콤한 칠리 땅콩 드레싱에 버무린
입맛 당기는 샐러드예요. 닭가슴살을 넣어 배부르게 먹을 수 있어요.

아시안 스타일 치킨 샐러드 1인분 163kcal

재료 (2인분)

닭가슴살 1쪽(100g)
숙주 60g
양상추 40g
오이·양파 1/3개씩
홍고추 1개
고수 조금
마늘 1쪽
청주 1큰술
통후추 3~4알
소금 조금

스위트 칠리 땅콩 드레싱 1인분 35kcal

스위트 칠리 소스·다진 땅콩 3큰술씩
식초 2큰술
올리브오일 1큰술
발사믹 식초·다진 마늘 1작은술씩

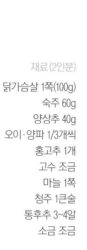

1

1 끓는 물에 닭가슴살, 마늘, 통후추, 청주, 소금을 넣고 삶아 건져 한 김 식힌 뒤 결대로 찢는다.

2 양상추는 씻어서 채 썰고, 숙주는 찬물에 헹궈 물기를 뺀다.

3 오이와 양파는 5cm 길이로 채 썰고, 홍고추도 비슷한 길이로 채 썬다.

4 그릇에 닭가슴살, 양상추, 숙주, 오이, 양파를 담고 드레싱을 뿌린 뒤 홍고추와 고수를 올린다.

더 예쁘게 장식하려면?

홍고추를 채 썰어서 찬물에 20분 정도 담가두면 모양이 동글동글해져요. 미리 준비해두었다가 샐러드에 올리면 장식 효과가 좋아요.

쫄깃한 맛이 일품인 오징어를 버터에 구워 씹을수록 맛이 풍부해지는 샐러드예요.
만들 때부터 고소한 냄새에 침이 꼴깍 넘어간답니다.

버터구이 오징어 샐러드 1인분 512kcal

1 오징어는 내장을 빼고 굵은 소금으로 문질러 씻은 다음 소금, 후춧가루로 밑간한다.

2 로메인 레터스는 씻어서 먹기 좋게 뜯고, 양파는 가늘게 채 썬다. 모두 찬물에 담가두었다가 물기를 뺀다.

3 파프리카를 반으로 갈라 씨를 뺀 뒤 0.5cm 두께로 썰어 로메인 레터스, 양파와 함께 섞는다.

4 달군 팬에 버터를 녹이고 손질한 오징어를 올려 다진 마늘을 바르고 돌려가며 노릇하게 굽는다.

5 접시에 채소를 담고 오징어를 0.5cm 두께로 썰어 올린 뒤 드레싱과 파슬리 가루를 뿌린다.

재료(2인분)

오징어(몸통) 1마리
로메인 레터스 30g
양파 1/4개
빨간 파프리카 1/2개
버터 3큰술
다진 마늘 2작은술
파슬리 가루·소금·후춧가루 조금씩

씨겨자 간장 드레싱 1인분 92kcal

홀그레인 머스터드 1/2큰술
다진 양파 2큰술
간장 1큰술
올리브오일·식초 2큰술씩
후춧가루 조금

한여름 무더위를 날릴 수 있는 샐러드예요. 시원한 음식이 당길 때
냉면, 메밀국수 대신 우동 샐러드에 얼린 유자 폰즈를 끼얹어 즐겨보세요.

얼린 유자 폰즈 우동 샐러드 1인분 351kcal

재료

재료(2인분)

우동국수 200g, 양상추 30g, 빨간 파프리카·노란 파프리카 1/2개씩,
양파 20g

유자 폰즈 드레싱 1인분 40kcal
유자청·식초·레몬즙 1큰술씩, 다시마가다랑어포 국물 2큰술,
간장 1½큰술, 설탕 1작은술

1 유자 폰즈 드레싱 재료를 고루 섞어 냉동실에 얼린 다음 포크로
  긁어 셔벗처럼 만든다.

2 양상추와 양파는 씻어서 물기를 뺀 뒤 0.5cm 두께로 채 썬다.

3 파프리카는 씨를 빼고 채 썰고, 무순은 찬물에 담가놓는다.

4 끓는 물에 우동국수를 7분간 삶아 찬물에 헹궈 물기를 뺀다.

5 그릇에 삶은 우동국수와 양상추, 파프리카, 양파, 무순을 담고
  얼린 유자 폰즈 드레싱을 듬성듬성 뿌린다.

다시마가다랑어포 국물을 만들려면?

냄비에 물 6컵을 붓고 다시마 4~5장을 넣어 끓이세요. 한소끔 끓어오르면
불을 약하게 줄이고 5분간 더 끓인 뒤, 다시마를 건져내고 가다랑어포 20g
과 청주 1큰술을 넣어 10분 정도 우려내세요. 면 보자기를 깐 체에 받쳐 국
물만 받아 쓰고, 남은 국물은 밀폐용기에 담아 냉장실에 보관하세요.

상큼한 사과와 셀러리를 넣은 샐러드에 프렌치토스트를 곁들이면
맛있고 영양 균형이 잘 맞는 한 끼가 돼요. 가벼운 브런치로 좋아요.

사과 채소 샐러드와 프렌치토스트 1인분 500kcal

재료(2인분)

사과 1/2개
셀러리 1대
아보카도 1/2개
페타 치즈 15g
식빵 1장
버터 20g
달걀 1개
우유 2큰술
소금·후춧가루 조금

호두 요구르트 드레싱 1인분 63kcal

호두 4쪽
플레인 요구르트 1/2통(40g)
식초 1큰술
설탕 1작은술
소금 조금

사과는 설탕물에 담가두 세요

사과는 썰어두면 시간이 지나 면서 갈색으로 변해요. 배, 바 나나, 연근, 감자, 고구마 등도 마찬가지인데, 이처럼 갈변하 는 과일과 채소는 썰어서 설탕 물이나 식초물에 담가두거나 단면에 레몬즙을 발라 랩을 씌 워두면 갈변을 막을 수 있어요.

1 사과는 껍질째 씻어서 4등분해 얇게 썬 뒤 설탕물에 담가둔다. 셀러리는 섬유질을 벗기고 어슷하게 썬다.

2 아보카도는 길이로 한 바퀴 칼집을 넣고 살짝 비틀어 반으로 나눈다. 씨를 빼고 껍질을 벗긴 뒤 사 과와 같은 모양으로 썰어 소금, 후춧가루로 간한다.

3 드레싱 재료를 믹서에 모두 넣어 호두알이 씹힐 정도로만 간다.

4 식빵을 세모나게 잘라 달걀과 우유를 섞어 적신 다음, 달군 팬에 버터를 두르고 노릇하게 굽는다.

5 사과, 셀러리, 아보카도를 드레싱에 버무려 접시에 담고 페타 치즈를 올린 뒤 프렌치토스트를 곁들 인다.

오리고기는 피부 건강과 기력 보충에 좋은 재료예요.
훈제오리는 바로 구워 먹어야 제 맛이니 먹기 직전에 준비하세요.

훈제오리 샐러드 1인분 521kcal

재료 (2인분)

훈제오리 160g
청겨자·어린잎채소 20g씩
쌈 무 3장
영양부추 15g
빨간 파프리카·노란 파프리카 20g씩

갈릭 머스터드 드레싱 1인분 124kcal

디종 머스터드 1/2큰술
꿀 1큰술
올리브오일 3큰술
식초 2큰술
다진 마늘·다진 케이퍼 1작은술씩
소금·후춧가루 조금씩

재료

4

1 청겨자를 깨끗이 씻어 먹기 좋게 뜯는다. 어린잎채소도 씻어 청겨자와 함께 찬 물에 담가두었다가 체에 밭쳐 물기를 뺀다.

2 영양부추는 흐르는 물에 씻어 5cm 길이로 썰고, 파프리카는 씨를 뺀 뒤 영양부 추와 같은 길이로 썬다.

3 쌈 무를 1cm 폭으로 길게 썰어 청겨자, 어린잎채소, 영양부추, 파프리카와 섞는다.

4 훈제오리를 달군 팬에 노릇하게 구워, 종이타월에 올려 기름을 뺀다.

5 접시에 채소를 담고 구운 훈제오리를 올린 뒤 드레싱을 뿌린다.

토르티야에 싸 먹으면 든든해요

훈제오리 샐러드만으로 부족하다고 느낀다면 토르티야를 곁들여보세요. 토르티야를 4등분으 로 잘라 훈제오리 샐러드를 싸 먹으면 맛있고 든든한 한 끼가 된답니다.

양파를 홍초에 새콤하게 절여 불고기와 함께 먹는 샐러드예요.
맛도 영양도 좋아 특히 여자들에게 인기예요.

홍초 양파 불고기 샐러드 1인분 386kcal

재료(2인분)

쇠고기(불고기용) 200g
쌈 채소(상추, 청겨자, 적근대 등) 20g
어린잎채소 20g
빨간 파프리카·노란 파프리카 1/2개씩
양파 1/2개
홍초 1컵
소금·후춧가루 조금씩

쇠고기 양념

간장 1큰술
설탕 2작은술
다진 마늘 1/2큰술
깨소금·참기름 1작은술씩
후춧가루 조금

자몽 양파 드레싱 1인분 89kcal

자몽즙 2큰술
다진 양파 1작은술
올리브오일·꿀·식초 1큰술씩
소금 1/3작은술

재료

1   3

양파홍초절임을 다양하게 활용하세요

홍초에 양파를 넉넉히 재어 냉장고에 넣어두고 다양하게 활용하면 좋아요. 양파는 건져서 샐러드와 요리에 쓰고, 홍초는 드레싱을 만들 때 식초 대신 넣으면 맛있어요.

1 쇠고기는 양념에 15분 이상 잰다.

2 쌈 채소와 어린잎채소는 씻어서 찬물에 담가두었다가 물기를 뺀다. 파프리카는 씨를 빼고 채 썬다.

3 양파는 채 썰어 홍초에 15분 이상 재워둔다.

4 양념한 쇠고기를 팬에 구워 한 김 식힌 뒤 먹기 좋게 썬다.

5 양파를 건져 물기를 뺀 뒤 다른 채소와 함께 접시에 담고 불고기를 올린다. 드레싱을 곁들인다.

재료는 간단하고 맛은 특별한 파스타 샐러드예요. 브런치로 제격이지요.
동서양이 조화를 이룬 색다른 맛을 즐겨보세요.

오리엔탈 파스타 샐러드 1인분 263kcal

재료(2인분)

푸실리 80g
오렌지 80g
어린잎채소 40g
오이 30g
셀러리 20g
소금·올리브오일 조금씩

오리엔탈 드레싱 1인분 55kcal
간장·식초·설탕·통깨 1/2큰술씩

재료

1
3

푸실리에 드레싱을 뿌려
두면 더 맛있어요

삶은 푸실리에 드레싱을 미리
살짝 뿌려두면 좋아요. 푸실리
에 드레싱 맛이 배어 더 깊은
맛이 난답니다.

1 끓는 물에 소금과 올리브오일을 넣고 푸실리를 10분간 삶아 건져 물기를 뺀다.

2 어린잎채소는 씻어서 찬물에 담가두었다가 체에 밭쳐 물기를 뺀다.

3 오렌지는 껍질을 벗겨 먹기 좋게 썰고, 셀러리는 섬유질을 벗기고 2cm 길이로 어슷하게 썬다.

4 오이는 껍질을 살짝 벗겨 4등분한 뒤, 씨를 빼고 2cm 길이로 어슷하게 썬다.

5 삶은 푸실리와 오렌지, 채소를 드레싱에 버무려 접시에 담는다.

익숙하고 많은 사람들이 좋아하는 샐러드예요.
만들기 쉽고 부담이 없어서 파스타나 스테이크에 곁들여 즐겨요.

시저 샐러드 1인분 522kcal

재료(2인분)

로메인 레터스 160g
닭 안심 2쪽
식빵 1장
파르메산 치즈 가루 3큰술
소금·후춧가루 조금씩

시저 드레싱 1인분 239kcal

마요네즈 2큰술
다진 마늘 1작은술
케이퍼 1/2작은술
레몬즙·다진 파슬리 1작은술씩
파르메산 치즈 가루 1작은술
소금·후춧가루 조금씩

1 식빵을 사방 1cm 크기로 썰어 마른 팬에 굽는다.

2 로메인 레터스를 씻어 물기를 뺀 뒤 먹기 좋게 뜯는다.

3 닭 안심을 소금, 후춧가루로 밑간한 뒤, 팬에 올리브오일을 두르고 노릇하게 구워 한입 크기로 썬다.

4 접시에 로메인 레터스와 닭 안심을 담고 구운 식빵을 올린 뒤 드레싱과 치즈를 뿌린다.

훈제연어는 그냥 먹어도 맛있지만 샐러드를 만들어 먹어도 좋아요.
콜리플라워, 로메인 레터스, 양파 등을 넣고 간단하게 만들어 즐기세요.

훈제연어 콜리플라워 샐러드 1인분 435kcal

재료(2인분)

훈제연어 100g
콜리플라워 20g
로메인 레터스 40g
양파 10g
케이퍼 2/3큰술

사워크림 드레싱 1인분 199kcal
사워크림 2큰술
마요네즈 1큰술
파슬리 가루 1작은술
소금·후춧가루 조금씩

1 콜리플라워는 밑동을 잘라내고 한입 크기로 나
눈다. 끓는 물에 데쳐 찬물에 식힌 뒤 체에 밭쳐
물기를 뺀다.

2 로메인 레터스는 씻어서 한입 크기로 뜯고, 양파
는 얇게 썬다. 모두 찬물에 담가두었다가 체에 밭
쳐 물기를 뺀다.

3 접시에 채소와 훈제연어를 담고 드레싱과 케이퍼
를 뿌린다.

와인에 조려 향긋하고 달콤한 사과, 부드러운 브리 치즈, 신선한 채소가 잘 어우러진
샐러드입니다. 발사믹 드레싱이 산뜻한 맛을 더해줘요.

사과 브리치즈 샐러드 1인분 417kcal

3

4

재료(1인분)
브리 치즈 30g, 양상추 30g, 치커리 30g, 파르메산 치즈가루 1/2큰술

사과 조림
사과 1/4개, 화이트와인 1큰술, 황설탕 1/2큰술, 버터 2작은술

크루통
식빵 1쪽, 올리브오일 1/2큰술

발사믹 드레싱 1인분 68kcal
발사믹 식초 2큰술, 올리브오일 1큰술, 다진 마늘 1작은술, 소금 1/2작은술,
후춧가루 조금

1 사과는 껍질을 벗기고 주사위 모양으로 썬다. 달군 팬에 버터를
　녹인 뒤 사과를 볶다가 설탕과 와인을 넣고 조린다.

2 식빵은 사방 1cm의 주사위 모양으로 썰어 올리브오일에 버무린
　뒤 팬에서 타지 않게 볶는다.

3 둥근 모양의 브리 치즈는 길게 잘라 겉의 단단한 부분을 칼로
　도려내고 한입 크기로 썬다.

4 양상추와 치커리는 흐르는 물에 씻은 후 손으로 뜯어 놓는다.

5 접시에 샐러드 채소와 사과, 브리 치즈를 섞어 담고 파르메산 치
　즈를 뿌린 뒤 발사믹 드레싱을 만들어 끼얹는다.

생 모차렐라 치즈와도 잘 어울려요
브리 치즈가 없다면 생 모차렐라 치즈나 리코타 치즈를 이용해도 좋아요.
브리 치즈는 냉장고에 두어야 먹기 좋은 상태가 됩니다.

살짝 데친 고기와 두부가 고소한 들깨 드레싱과 잘 어울려요.
입은 가볍고 배는 든든한 샐러드랍니다.

샤부샤부 두부 샐러드 1인분 361kcal

재료(2인분)

쇠고기(샤부샤부용) 50g
두부 1/2모(200g)
크레송(물냉이) 60g
양파 30g
래디시 1개

들깨 드레싱 1인분 90kcal
들깨·마요네즈·레몬즙 2큰술씩
우유 3큰술
소금·후춧가루 조금씩

1 크레송은 깨끗이 씻고, 양파와 래디시는 얇게 썬다. 모두 찬물에 담가두었다가 체에 밭쳐 물기를 뺀다.

2 두부를 사방 1cm 크기로 썰어 뜨거운 물에 데친 뒤 물기를 뺀다.

3 끓는 물에 쇠고기를 데친 뒤, 체에 밭쳐 물기를 빼고 식힌다.

4 그릇에 채소와 두부, 쇠고기를 담고 드레싱을 뿌린다.

Part 2

바쁜 아침에 후다닥!
도시락 샐러드

말린 허브를 묻혀 숙성시킨 닭가슴살로 만든 샐러드예요.
맛은 물론 솔솔 나는 허브 향에 기분까지 즐거워져요.

허브 치킨 샐러드 1인분 329kcal

재료

재료(1인분)

닭가슴살 80g
크레송(물냉이) 40g
식빵 1/2장
선드라이 토마토 4쪽(20g)
아몬드 슬라이스 조금
올리브오일 조금

닭가슴살 양념

말린 허브(오레가노, 타임, 로즈메리 등) 2큰술
소금·후춧가루 조금씩

오리엔탈 드레싱 1인분 55kcal

간장·식초·설탕·통깨 1/2큰술씩

선드라이 토마토를 집에서 만들려면?

선드라이 토마토는 토마토를 햇볕에 말려서 올리브오일에 절인 것으로, 쫄깃하고 새콤달콤해요. 샐러드나 파스타 등에 많이 쓰지요. 수입식품 코너에서 살 수 있지만 집에서 만들기도 쉬워요. 토마토를 씻어서 적당히 썰어 햇볕에 4~5일간 말리면 된답니다. 소금을 살짝 뿌려도 좋고요. 그냥 먹어도 맛있고, 올리브오일에 담가두면 오래 가요.

전날 준비   2

전날 미리 준비하세요

닭가슴살을 소금, 후춧가루로 밑간한 뒤 말린 허브를 고루 묻혀 냉장실에서 1시간 이상 숙성시킨다.

1 크레송을 깨끗이 씻어 찬물에 담가두었다가 체에 밭쳐 물기를 뺀다.

2 식빵을 사방 1cm 크기로 썰어 팬에 고루 굽는다.

3 달군 팬에 올리브오일을 두르고 숙성시킨 닭가슴살을 앞뒤로 노릇하게 구워 한 김 식으면 먹기 좋게 썬다.

4 선드라이 토마토를 반으로 썬다.

5 도시락에 준비한 재료를 담고 아몬드 슬라이스를 뿌린다. 드레싱은 따로 담는다.

아삭거리는 셀러리와 짭조름한 게맛살이 잘 어울리는 샐러드예요.
삶은 달걀도 넣어 푸짐하게 점심을 즐길 수 있어요.

달걀 브로콜리 샐러드 1인분 359kcal

재료(1인분)

달걀 1개
브로콜리 70g
셀러리 40g
오이·당근 30g씩
게맛살 50g
통조림 옥수수 10g
소금 조금

마요네즈 드레싱 1인분 119kcal

마요네즈 3큰술
식초 1큰술
레몬즙·소금 1작은술씩
설탕 1/2작은술
파슬리 가루·흰 후춧가루 조금씩

1 냄비에 달걀을 넣고 물을 달걀이 잠길 만큼 부어 끓인다. 물이 끓기 시작한 뒤로 12분간 삶아 찬물에 식힌 뒤, 껍데기를 벗기고 8등분한다.

2 브로콜리는 밑동을 잘라내고 한입 크기로 썰어 끓는 물에 소금을 넣고 살짝 데친 뒤 찬물에 식힌다.

3 오이와 당근은 반 갈라 얇고 어슷하게 썰고, 셀러리는 섬유질을 벗기고 비슷한 크기로 썬다.

4 브로콜리, 오이, 당근, 셀러리를 섞어 도시락에 담고 게맛살, 삶은 달걀, 옥수수를 올린다. 드레싱은 따로 담는다.

연어는 녹황색 채소와 궁합이 잘 맞아 샐러드에 어울려요.
특히 훈제연어는 조리할 필요가 없어 쉽게 도시락을 쌀 수 있답니다.

사과 훈제연어 샐러드 1인분 429kcal

재료(1인분)

훈제연어 100g
사과·양파 1/2개씩
배추속대 60g
로메인 레터스 30g
블랙 올리브 5개
케이퍼 1큰술

홀스래디시 드레싱 1인분 79kcal

홀스래디시 소스·생크림 1/2큰술씩
마요네즈 1큰술
레몬즙 1작은술
소금·후춧가루 조금씩

1 배추속대와 로메인 레터스를 깨끗이 씻은 뒤, 먹
　기 좋게 뜯어 찬물에 담가두었다가 체에 밭쳐 물
　기를 뺀다.

2 양파를 가늘게 채 썰어 찬물에 담가 매운맛을
　뺀 뒤 체에 밭쳐 물기를 뺀다.

3 사과는 반달 모양으로 얇게 썬다.

4 채소와 사과, 훈제연어를 도시락에 담고 올리브
　와 케이퍼를 올린다. 드레싱은 따로 담는다.

훈제연어는 레몬즙과 잘 어울려요

훈제연어의 맛과 향이 거슬리는 사람은 드레싱 외에 따로 레
몬즙을 작은 통에 담아 가세요. 먹기 전에 살짝 뿌려 먹으면
상큼하게 즐길 수 있어요.

파인애플은 비타민이 풍부해 피로해소에 도움을 줘요.
지친 직장인 도시락에 안성맞춤이지요. 맛있게 먹고 남은 오후도 힘내세요.

파인애플 닭가슴살 샐러드 1인분 241kcal

전날 미리 준비하세요

닭가슴살을 소금, 후춧가루로 밑간해 곱게 간 파인애플에 잰 뒤 랩을 씌워 냉장실에서 1시간 이상 숙성시킨다.

1 양상추와 적겨자는 한입 크기로 뜯고, 양파는 채 썬다. 모두 찬물에 담가두었다가 체에 밭쳐 물기를 뺀다.

2 파프리카는 씨를 빼고 길게 채 썬다.

3 달군 팬에 올리브오일을 두르고 재어둔 닭가슴살을 앞뒤로 노릇하게 굽는다. 한 김 식으면 먹기 좋게 저
  며 썬다.

4 채소를 섞어 도시락에 담고 닭가슴살을 올린 뒤 크랜베리를 뿌린다. 드레싱은 따로 담는다.

재료   전날 준비

재료(1인분)

닭가슴살 60g
양상추 30g
적겨자 20g
양파 15g
빨간 파프리카·노란 파프리카 1/4개씩
말린 크랜베리 5g

닭가슴살 양념

파인애플 150g(또는 통조림 파인애플 1쪽)
소금·후춧가루 조금씩

양파청 드레싱 1인분 43kcal

양파청 2큰술(p.25 참고)
포도씨오일·레몬즙 1큰술씩
소금·후춧가루 조금씩

2   3

아게다시도후는 두부를 튀긴 것으로 일본 음식 중 하나예요.
요즘엔 마트에서 쉽게 구할 수 있으니, 색다른 두부 샐러드를 즐겨보세요.

아게다시도후 샐러드 1인분 192kcal

재료(1인분)

아게다시도후(튀긴 두부) 120g
양배추·적양배추 40g씩
당근·치커리 20g씩
무순 조금

유자 드레싱 1인분 21kcal

유자청·물 2큰술씩
식초 3큰술
설탕·소금 1작은술씩

1 두부를 사방 2cm 크기로 네모지게 썬다.

2 양배추와 적양배추는 가늘게 채 썰어 찬물에 담가두었다가 체에 밭쳐 물기를 뺀다.

3 치커리도 깨끗이 씻은 뒤 먹기 좋게 뜯어 찬물에 담가두었다가 체에 밭쳐 물기를 뺀다.

4 당근을 양배추와 같은 크기로 채 썬다.

5 채소를 섞어 도시락에 담고 두부와 무순을 올린다. 드레싱은 따로 담는다.

유자청은 입맛에 따라 조절하세요

유자청을 드레싱에 넣을 때는 국물과 과육을 적절히 섞어 넣으세요. 과육을 많이 넣으면 유자 향이 더 진하게 나요.

포만감을 한껏 느낄 수 있는 샐러드예요. 든든하게 먹을 수 있는
도시락을 좋아한다면 단호박 곡물 샐러드를 준비하세요.

단호박 곡물 샐러드 1인분 333kcal

재료

재료(1인분)

단호박 100g
삶은 곡물(보리, 흑미 등) 100g
그린 빈·콜리플라워 20g씩
양파 10g

유자 사워크림 드레싱 1인분 48kcal

다진 유자·사워크림 2큰술씩
마요네즈 1큰술
파슬리 가루 1작은술
소금·후춧가루 조금씩

전날 준비   1

단호박을 쉽게 자르려면?

단호박은 단단해서 자르기가
쉽지 않아요. 깨끗이 씻어서
통째로 전자레인지에 1분 정도
익히세요. 껍질이 살짝 익어서
자르기가 편해요.

전날 미리 준비하세요

보리, 흑미 등을 삶아서 냉장실에 넣어둔다.

1 단호박을 깨끗이 씻어 껍질째 찐 뒤, 식혀서 먹기 좋은 크기로 깍둑썰기 한다.

2 콜리플라워를 작게 썰어 그린 빈과 함께 살짝 데친 뒤, 찬물에 헹궈 식혀 물기를 뺀다.

3 양파는 잘게 다진다.

4 준비한 채소와 곡물을 섞어 도시락에 담는다. 드레싱은 따로 담는다.

비타민이 풍부한 부추를 넣은 닭고기 샐러드.
힘이 필요할 때 도시락으로 준비하세요. 상큼한 드레싱이 입맛도 살려줘요.

부추 닭고기 샐러드 1인분 322kcal

재료(1인분)

닭다리살 90g
영양부추 80g
양파 1/2개
홍고추 1/4개
소금·후춧가루 조금씩

파인애플 키위 드레싱 1인분 116kcal

키위 1/2개
파인애플 150g(또는 통조림 파인애플 1쪽)
양파 1/4개
올리브오일 2큰술
식초 1큰술

1 닭다리살을 사방 2cm 크기로 네모지게 썰어 소
  금, 후춧가루로 밑간한 뒤 달군 팬에 굽는다.

2 영양부추는 깨끗하게 손질해 씻어 5cm 길이로
  썬다. 양파도 같은 크기로 채 썰어 물에 담가두었
  다가 체에 밭쳐 물기를 뺀다. 홍고추는 가늘게 채
  썬다.

3 파인애플 키위 드레싱 재료를 믹서에 모두 넣어
  곱게 간다.

4 준비한 채소를 도시락에 담고 닭다리살을 올린
  다. 드레싱은 따로 담는다.

파스타를 가볍게 즐길 수 있는 샐러드예요. 바질 페스토는
만들기 쉬우면서도 샐러드를 특별한 도시락으로 만들어준답니다.

바질 페스토 파스타 샐러드 1인분 253kcal

재료(1인분)

푸실리 60g
방울토마토 5개
양상추 40g
비타민·적양배추 10g씩
파르메산 치즈 가루 2큰술
올리브오일·소금 조금씩

바질 페스토 1인분 42kcal

바질 잎 20장
잣 2작은술
파르메산 치즈 가루 2큰술
올리브오일 3큰술
소금 조금

재료

1

4

1 끓는 물에 소금과 올리브오일을 넣고 푸실리를 10~12분간 삶은 뒤, 찬물에 헹궈 물기를 뺀다.

2 양상추와 적양배추를 씻어서 한입 크기로 뜯는다. 비타민도 씻어 물기를 뺀다.

3 바질 페스토 재료를 믹서에 모두 넣어 곱게 간다.

4 볼에 푸실리와 채소를 담고 바질 페스토를 반만 넣어 버무린다.

5 버무린 샐러드를 도시락에 담고 파르메산 치즈 가루를 뿌린다.

6 남은 드레싱은 따로 담아 가서 먹을 때 뿌려 먹는다.

하루쯤 특별한 것을 먹고 싶을 때 추천하는 샐러드예요.
두부를 넣어 배부르게 먹을 수 있어요.

두부 카프레제 샐러드 1인분 419kcal

재료(1인분)

생식용 두부 1/2모(150g)
생 모차렐라 치즈 50g
토마토 1개
비타민 40g
바질 잎 3장

두부 양념

올리브오일 1컵
레몬즙 1개분
말린 타임·소금·후춧가루 조금씩

발사믹 드레싱 1인분 68kcal

발사믹 식초 2큰술
올리브오일 1큰술
다진 마늘 1작은술
소금 1/2작은술
후춧가루 조금

재료

전날 준비 2

전날 미리 준비하세요
두부를 사방 2cm 크기로 썰어 두부 양념에 재어 하룻밤 동안 냉장 보관한다.

1 비타민과 바질을 씻어서 찬물에 담가두었다가 체에 밭쳐 물기를 뺀다.

2 토마토는 동글게 썰고, 모차렐라 치즈는 두부와 같은 크기로 썬다.

3 도시락에 준비한 채소와 토마토, 모차렐라 치즈를 담고 양념에 잰 두부를 올린다. 드레싱은 따로 담는다.

프룬이라고 부르는 말린 자두는 미네랄이 풍부해서 빈혈이 있는 사람이나
성장기 아이들에게 좋아요. 새콤한 자몽이 입맛을 돋워줘요.

프룬 자몽 닭가슴살 샐러드 1인분 304kcal

재료

1

재료(1인분)

닭가슴살 80g, 자몽 1/2개, 치커리·라디치오 20g씩, 양파 10g,
프룬(말린 자두) 4개, 호두 3쪽, 마늘 2쪽, 월계수 잎 1장,
통후추 6알, 소금 조금

올리브 레몬 드레싱 1인분 58kcal

레몬즙 3큰술, 레몬 제스트·다진 블랙 올리브 1큰술씩,
꿀·올리브오일 1큰술씩, 소금 1/2작은술

1 냄비에 물 5컵과 마늘, 월계수 잎, 통후추, 소금을 넣고 닭가슴
  살을 삶는다. 한 김 식으면 결대로 찢는다.

2 치커리와 라디치오는 깨끗이 씻은 뒤, 먹기 좋게 뜯어 찬물에
  담가두었다가 체에 밭쳐 물을 뺀다.

3 자몽은 3~4등분해 껍질을 벗긴다.

4 양파는 가늘게 채 썰어 찬물에 담가 매운맛을 뺀 뒤 체에 밭쳐
  물을 뺀다.

5 치커리, 라디치오, 양파를 섞어 도시락에 담고 닭가슴살과 말린
  자두, 호두를 올린다. 드레싱은 따로 담는다.

닭 비린내를 없애려면?

닭가슴살을 삶을 때 마늘, 통후추, 월계수 잎을 함께 넣고 삶으면 비린내를
없앨 수 있어요. 양파, 대파, 생강도 닭 비린내를 없애는 채소지요. 또 청주
를 조금 넣고 삶아도 효과가 있어요.

간식계의 스테디셀러 고구마에 두뇌 건강에 좋은 호두를 더했어요.
나른해지는 오후, 점심 때 먹은 도시락이 잠자는 두뇌를 깨워줄 거예요.

고구마 호두 샐러드 1인분 204kcal

재료

재료(1인분)

고구마 2/3개
감자 1개
비타민 40g
에담 치즈(또는 고다 치즈, 체더치즈) 10g
호두 3쪽

망고 요구르트 드레싱 1인분 23kcal

간 망고 1/4컵
플레인 요구르트 1/4통(20g)
꿀 1작은술
레몬즙·소금 1/2작은술씩

1 고구마와 감자를 깨끗이 씻어 김이 오른 찜통에 푹 찐다.

2 비타민은 씻어서 찬물에 담가두었다가 체에 받쳐 물기를 뺀다.

3 찐 고구마와 감자가 한 김 식으면 사방 2cm 크기로 네모지게 썬다.

4 도시락 한쪽에 고구마와 감자를 담고, 옆에 채소를 담는다. 치즈를 한입 크기로 썰어 호두과 함께
올린다. 드레싱은 따로 담는다.

메추리알은 영양을 고루 갖춘 완전식품이지요. 여러 음식을 싸기 어려운 도시락,
메추리알 샐러드 하나면 영양이 부족할 염려가 없어요.

메추리알 샐러드 1인분 총 362kcal

재료(1인분)

메추리알 13개
펜네 25g
로메인 레터스·콜리플라워 40g씩
라디치오 20g
베이컨 5g
소금·올리브오일 조금씩

망고 사워크림 드레싱 1인분 53kcal

간 망고·사워크림 2큰술씩
마요네즈 1큰술
파슬리 가루 1작은술
소금·후춧가루 조금씩

1 냄비에 메추리알을 넣고 물을 잠길 만큼 부어 끓
   인다. 물이 끓기 시작한 뒤로 8~10분간 중간 불에
   삶아 찬물에 식힌 뒤, 껍데기를 벗기고 2등분한다.

2 끓는 물에 소금, 올리브오일을 넣고 펜네를 7~8분
   간 삶아 물기를 뺀다.

3 베이컨을 0.5cm 폭으로 썰어 달군 팬에 볶은 뒤,
   종이타월에 올려 기름기를 뺀다.

4 콜리플라워는 밑동을 자르고 작게 썰어서 끓는
   물에 살짝 데쳐 식힌다.

5 로메인 레터스와 라디치오는 씻어서 물기를 뺀
   뒤 한입 크기로 뜯는다.

6 도시락에 채소를 담고 삶은 메추리알과 펜네, 베
   이컨을 올린다. 드레싱은 따로 담는다.

메추리알을 미리 삶아두면 편해요

전날 저녁에 메추리알을 미리 삶아놓으면 조리 시간을 줄일
수 있어요. 콜리플라워도 살짝 데쳐서 냉장고에 넣어두면 편
하답니다.

연어는 고단백 저칼로리 식품이어서 하루 종일 앉아 있는 직장인에게 좋아요.
부드러운 크림치즈 드레싱까지 곁들인 웰빙 도시락을 즐겨보세요.

구운 연어 샐러드 1인분 총 215kcal

재료(1인분)
연어 90g
루콜라 40g
치커리·양파 20g씩
아스파라거스 2줄기
소금·후춧가루 조금씩

크림치즈 드레싱 1인분 34kcal
크림치즈 3큰술
플레인 요구르트 2큰술
레몬즙 1큰술
다진 케이퍼 2작은술
소금 1작은술
흰 후춧가루 조금

재료

1

1 연어를 사방 2cm 크기로 썰어 소금, 후춧가루로 밑간한다.

2 아스파라거스는 반으로 자르고, 양파는 채 썬다.

3 루콜라와 치커리는 한입 크기로 뜯어 찬물에 담가두었다가 체에 밭쳐 물기를 뺀다.

4 달군 팬에 밑간한 연어를 노릇하게 굽는다.

5 도시락에 채소와 연어를 담는다. 드레싱은 따로 담는다.

연어는 썰어서 구우세요

연어를 구워서 썰면 연어 살이 부서질 수 있어요. 반드시 썰어서 구우세요.

삶은 닭가슴살은 담백하고 쫄깃한 맛이 일품이에요. 오이, 당근, 청경채 등
다양한 채소를 곁들이면 훌륭한 식사가 되지요. 만들기도 쉬워 도시락으로 제격이에요.

닭가슴살 채소 샐러드 1인분 313kcal

재료(1인분)

닭가슴살 80g
적겨자·청경채 20g씩
어린잎채소 30g
느타리버섯·오이 20g씩
당근 10g
통조림 옥수수 2큰술
마늘 2쪽
월계수 잎 1장
통후추 5알
소금 조금

유자 폰즈 드레싱 1인분 30kcal

유자청·식초·레몬즙 1큰술씩
다시마가다랑어포 국물 2큰술
간장 1½큰술
설탕 1작은술

통조림을 이용하면 간편해요

시중에서 파는 닭가슴살 통조림을 사용하면 더 간편하게 만들 수 있어요. 통조림 닭가슴살은 채에 받쳐 국물을 빼서 넣으세요.

1 냄비에 물 5컵을 붓고, 마늘, 월계수 잎, 통후추, 소금을 넣어 닭가슴살을 삶는다. 한 김 식으면 결대로 찢는다.

2 적겨자와 청경채는 씻어서 한입 크기로 뜯고, 어린잎채소도 씻어 함께 찬물에 담가두었다가 물기를 뺀다. 옥수수도 체에 받쳐 물기를 뺀다.

3 느타리버섯은 흐르는 물에 씻어 결대로 찢은 뒤, 끓는 물에 살짝 데쳐 물기를 뺀다.

4 오이는 반 갈라 씨를 뺀 뒤 2cm로 썰고, 당근은 필러로 얇게 깎는다.

5 도시락에 준비한 채소와 버섯, 옥수수, 닭가슴살을 담고 드레싱은 따로 담는다.

대표 외식 메뉴인 쌀국수도 도시락으로 먹을 수 있어요.
쌀국수가 붙지 않도록 드레싱은 꼭 따로 담아 준비하세요.

새우 쌀국수 샐러드 1인분 465kcal

재료(1인분)

쌀국수 60g
칵테일새우 4마리
숙주 40g
그린 빈 4개
셀러리 20g
오이 20g
홍고추 1/2개
양파·고수 조금씩
청주·소금 조금씩

타이 드레싱 1인분 76kcal

다진 홍고추 1/2개분
식초 1큰술
간장·올리브오일 2큰술씩
다진 마늘 2작은술
말린 바질 1작은술
라임즙 1/2개분(또는 레몬즙 1/4개분)

1 끓는 물에 청주를 넣고 새우를 데친다.

2 끓는 물에 소금을 넣고 숙주와 그린 빈을 살짝
 데쳐 체에 밭쳐 물기를 뺀다.

3 쌀국수를 찬물에 10분 정도 불린 뒤, 끓는 물에
 20초간 짧게 데친다. 바로 찬물에 헹궈 체에 밭
 친다.

4 오이는 반 갈라 0.3cm 폭으로 썰고, 셀러리도 섬
 유질을 벗기고 같은 크기로 썬다.

5 홍고추는 어슷하게 썰고, 양파는 가늘게 채 썰어
 찬물에 담가두었다가 물기를 뺀다.

6 쌀국수, 채소와 새우를 섞어 도시락에 담고 고수
 를 올린다. 드레싱은 따로 담는다.

Part 3

다이어트도 맛있게!
저칼로리 샐러드

푸른 채소가 가득 담긴 그린 샐러드. 상큼한 키위 드레싱을 곁들여
맛에 포인트를 주면 평소 채소를 먹지 않는 사람도 좋아해요.

그린 샐러드 1인분 283kcal

재료(1인분)

양상추 50g
로메인 레터스·치커리·청경채 30g씩
셀러리 20g
그린 올리브 5개

키위 드레싱 1인분 245kcal

키위 1개
양파 1/4개
포도씨오일 3큰술
식초 2큰술
설탕 1큰술
소금 1작은술

2

1 양상추, 로메인 레터스, 치커리, 청경채를 깨끗이 씻은 뒤, 한입 크기로 뜯어 찬
  물에 담가두었다가 체에 밭쳐 물기를 뺀다.

2 셀러리는 필러로 섬유질을 벗기고 4cm 길이로 얇게 썬다.

3 키위 드레싱 재료를 믹서에 모두 넣어 곱게 간다.

4 채소를 섞어 접시에 담고 그린 올리브를 올린 뒤 드레싱을 뿌린다.

드레싱은 마지막에 뿌리세요

그린 샐러드는 드레싱을 미리 뿌리면 채소의 숨이 죽고 아삭아삭한 맛도 떨어져요. 먹기 직전,
사람들이 모두 모인 다음에 뿌리세요.

열량은 낮고 포만감은 높아 저칼로리 음식을 찾는 사람에게 안성맞춤이에요.
그릴에 구우면 버섯의 담백한 맛을 그대로 느낄 수 있어요.

구운 버섯 샐러드 1인분 250kcal

재료(1인분)

새송이버섯 1개
양송이버섯 3개
느타리버섯 50g
양상추 30g
두부 1/3모(120g)
소금·후춧가루 조금씩

매실청 간장 드레싱 1인분 85kcal

매실청·간장 2큰술씩
포도씨오일·레몬즙 1큰술씩
소금·후춧가루 조금씩

1 새송이버섯과 양송이버섯은 모양을 살려 썰고,
느타리버섯은 가늘게 찢는다.

2 양상추는 먹기 좋게 뜯어 찬물에 담가두었다가
체에 밭쳐 물기를 뺀다.

3 두부는 버섯과 비슷하게 썰어 소금, 후춧가루로
밑간한다.

4 마른 팬에 버섯과 두부를 올려 센 불에 재빨리
굽는다.

5 그릇에 양상추를 깔고 구운 버섯과 두부를 담은
뒤 드레싱을 뿌린다.

녹색채소의 대표주자 시금치는 비타민, 철분, 칼슘 등이 풍부하면서 칼로리는 낮아요.
오렌지, 자몽을 함께 버무려 상큼한 맛을 더했어요.

시트러스 시금치 샐러드 1인분 327kcal

재료(1인분)

시금치 60g
오렌지·자몽 1/2개씩
사과 1/4개
캐슈너트 10g

발사믹 드레싱 1인분 143kcal

발사믹 식초 2큰술
올리브오일 1큰술
다진 마늘 1작은술
소금 1/2작은술
후춧가루 조금

재료

1 시금치는 연한 것으로 준비해 깨끗이 씻은 뒤, 체에 밭쳐 물기를 뺀다.

2 오렌지와 자몽은 껍질을 벗겨 반달 모양으로 얇게 썬다.

3 사과는 깨끗이 씻은 뒤, 껍질째 반달 모양으로 얇게 썰어 설탕물에 담가둔다.

4 접시에 준비한 재료를 담고 캐슈너트를 뿌린 뒤 드레싱을 뿌린다.

계절 과일로 다양하게 즐기세요
오렌지, 자몽 등의 감귤류 대신 계절 과일을 넣어도 좋아요.

소화가 잘되지 않아 가벼운 음식을 찾는 사람에게 권하고 싶은 샐러드에요.
마는 소화를 돕고 영양도 풍부해 위가 좋지 않은 사람에게 좋아요.

닭가슴살 마 샐러드 1인분 351kcal

재료

재료(1인분)

닭가슴살 80g
마 30g
빨간 파프리카·노란 파프리카 30g씩
브로콜리·콜리플라워 60g씩
청주 1큰술
생강 1/2개
소금·통후추 조금씩

레몬 양파 드레싱 1인분 **174kcal**

레몬즙 3큰술
레몬 제스트 1큰술
꿀·올리브오일 1큰술씩
다진 양파 1작은술

1 끓는 물에 청주, 생강, 소금, 통후추를 넣고 닭가슴살을 삶아 먹기 좋게 썬다.

2 마는 껍질을 벗겨 깍둑썰기 하고, 파프리카도 먹기 좋게 썬다.

3 브로콜리와 콜리플라워는 작은 송이로 나눠 끓는 물에 소금을 넣고 데친다.

4 접시에 채소와 닭가슴살을 담고 드레싱 재료를 고루 섞어 뿌린다.

마를 더 쉽게 먹으려면?

생마는 끈적임 때문에 먹기 힘들어하는 사람들이 있어요. 이럴 때는 마를 쪄서 넣어보세요. 먹기가 한결 편하고 샐러드에
도 잘 어울려요.

이름만 들어도 상큼해지는 블루베리 딸기 샐러드.
여자들이 좋아하는 재료로만 만든 저칼로리 샐러드예요. 살찔 걱정 말고 맘껏 즐기세요.

블루베리 딸기 샐러드 1인분 327kcal

재료(1인분)

딸기 120g
블루베리 80g
수박 100g
애플민트 조금

고다 치즈 드레싱 1인분 215kcal
고다 치즈·마요네즈 1큰술씩
플레인 요구르트 1/2통(40g)
생크림·우유 1/2큰술씩
소금·후춧가루 조금씩

1 딸기를 씻어 꼭지를 따고 물기를 뺀 뒤 반으로 자른다.

2 수박은 딸기와 비슷한 크기로 깍둑깍둑 썬다.

3 그릇에 딸기, 수박, 블루베리를 담고 애플민트를 올린 뒤, 드레싱을 곁들인다.

딸기 철이 아니라면?

딸기나 블루베리가 제철이 아니어서 구하기 어려우면 냉동 과일을 써도 좋아요. 과일이 녹으면서 물이 생기니까 물기를 빼서 넣으세요.

채소 섭취가 부족하다고 느껴질 땐 구운 단호박 채소 샐러드가 제격이에요.
평소 잘 먹지 않던 가지, 호박, 양파 등을 다양하게 먹을 수 있어요.

구운 단호박 채소 샐러드 1인분 278kcal

재료

재료(2인분)

단호박 1/4개, 가지·샬롯 1/2개씩, 주키니(돼지호박) 1/3개, 루콜라 30g,
마늘 6쪽 , 말린 크랜베리·다진 호두 10g씩, 소금·후춧가루 조금씩,
올리브오일 2큰술

씨겨자 요구르트 드레싱 1인분 65kcal
홀그레인 머스터드·레몬즙 1큰술씩, 플레인 요구르트 1/2통(40g),
꿀 1작은술, 소금 1/2작은술

1 단호박은 씨를 긁어낸 뒤 세로로 길게 썰고, 샬롯은 길이로 6등
  분한다.

2 가지와 주키니는 반 갈라 세모나게 썬 뒤 소금, 후춧가루로 밑간
  한다.

3 오븐 팬에 손질한 채소를 올리고 올리브오일을 뿌려 200℃로 예
  열한 오븐에 20~25분간 굽는다.

4 루콜라를 깨끗이 씻어 찬물에 담가두었다가 먹기 좋게 뜯어 물
  기를 뺀다.

5 채소가 다 익으면 다진 호두를 5분간 굽는다.

6 접시에 구운 채소와 루콜라를 담고 크랜베리와 다진 호두를 뿌
  린 뒤 드레싱을 뿌린다.

샬롯 대신 양파를 넣어도 좋아요
샬롯은 양파와 비슷한 서양 채소로, 양파보다 작고 단맛이 많이 나요. 서양
요리에 자주 쓰이는데, 샬롯이 없으면 양파를 넣어도 좋아요.

쌉싸래한 자몽과 해산물이 어우러져 맛이 깔끔해요.
평소와 다른 샐러드를 먹고 싶다면 자몽 해산물 샐러드를 만들어보세요.

자몽 해산물 샐러드 1인분 193kcal

재료

재료(2인분)
칵테일새우 7마리
오징어(몸통) 35g
자몽 1/2개
시금치 50g
라디치오·느타리버섯 20g씩
블랙 올리브·그린 올리브 4개씩
소금·후춧가루 조금씩
올리브오일 조금

레몬 발사믹 드레싱 1인분 41kcal
레몬즙·발사믹 식초 2큰술씩
올리브오일 1큰술
소금 1/2작은술
후춧가루 조금

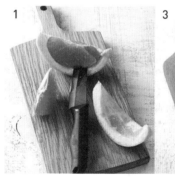

1 자몽을 6등분해 껍질을 벗긴다.

2 시금치와 라디치오는 깨끗이 씻은 뒤, 먹기 좋게 뜯어 찬물에 담가두었다가 체에 밭쳐 물기를 뺀다.

3 오징어는 동글게 썰고, 새우는 소금, 후춧가루로 밑간한다.

4 느타리버섯을 흐르는 물에 흔들어 씻어 결대로 찢은 뒤, 달군 팬에 올리브오일을 두르고 소금, 후춧
 가루로 간해 볶는다.

5 밑간한 새우와 오징어를 팬에 2분 정도 볶은 뒤, 볶은 버섯을 넣어 섞는다.

6 접시에 채소, 볶은 해산물과 버섯을 담고 자몽, 올리브를 올린 뒤 드레싱을 뿌린다.

상큼한 레몬이 입맛을 돋우는 샐러드예요.
설탕을 묻혀 말려 더 새콤달콤해진 레몬 때문에 자꾸만 손이 가요.

레몬 샐러드 1인분 304kcal

재료

재료(2인분)

레몬 2개
어린잎채소 80g
루콜라 40g
말린 과일 30g
설탕 적당량

유자 요구르트 드레싱 1인분 85kcal

유자청 1/2컵
플레인 요구르트 1/2통(40g)
레몬즙 1작은술
소금 1작은술

1-1   1-2

1 레몬을 깨끗이 씻어 동그랗게 썬다. 앞뒤로 설탕을 묻혀 200℃로 예열한 오븐에 15분간 구운 뒤, 오 븐 문을 열고 레몬을 말린다.

2 루콜라와 어린잎채소를 씻어 물기를 뺀다. 루콜라는 한 잎 크기로 뜯는다.

3 접시에 준비한 재료를 담고 말린 과일을 올린 뒤 드레싱을 뿌린다.

과일을 말리면 더 달아요

자몽, 오렌지, 사과, 키위, 파인애플, 바나나 등의 과일 모두 레몬과 같은 방법으로 말릴 수 있어요. 생으로 먹어도 충분히 맛 있지만 말려 두면 쫄깃하고 새콤달콤한 맛이 더해져요. 보관 기간이 길어지는 장점도 생긴답니다.

녹두로 만든 청포묵은 많이 먹어도 살이 찌지 않는 저칼로리 식품이에요.
우리 입맛에 딱 맞는 고소한 간장 드레싱이 청포묵과 잘 어울려요.

청포묵 샐러드 1인분 257kcal

재료

재료(1인분)

청포묵 1모(200g)
오이 60g
당근 20g
상추 50g
적근대 30g
깻잎 5장
레몬 조금

간장 깨소금 드레싱 1인분 137kcal

간장·식초·들기름·깨소금·
설탕·다진 쪽파 1큰술씩

청포묵은 썰어서 데치세요

청포묵은 데치면 탄력이 생기
고 야들야들해져요. 데쳐서 썰
려면 흔들려서 모양 있게 썰기
가 어려우니 썰어서 데치세요.
청포묵 대신 곤약을 데쳐 넣어
도 맛있어요.

1 상추, 적근대, 깻잎을 씻은 뒤 먹기 좋게 뜯어 물기를 뺀다.

2 청포묵은 3×4cm 크기로 썰어서 끓는 물에 데쳐 찬물에 헹군다.

3 당근은 필러로 얇게 깎아 찬물에 담그고, 오이는 1×4cm 크기로 썬다. 레몬은 깨끗이 씻어 반달 모
  양으로 얇게 썬다.

4 준비한 채소와 청포묵을 섞어 접시에 담고 레몬을 올린 뒤 드레싱을 섞어 뿌린다.

두부는 고단백 식품이라 근육을 만들기 위해 자주 먹는 식품 중 하나예요.
몸매 가꾸기에 열심인 여자들에게 알맞은 샐러드지요.

두부 그린 샐러드 1인분 228kcal

재료(1인분)

연두부 1/2모(200g)
크레송(물냉이)·어린잎채소 30g씩
양파 20g
대추토마토 5개

유자 오리엔탈 드레싱 1인분 54kcal
간장·식초·설탕 1큰술씩
유자즙 2큰술

1 연두부를 사방 2cm 크기로 썬다.

2 크레송과 어린잎채소는 깨끗이 씻고, 양파는 가
  늘게 채 썬다. 모두 찬물에 담가두었다가 체에 밭
  쳐 물기를 뺀다.

3 대추토마토는 반으로 썬다.

4 채소를 섞어 그릇에 담고 연두부를 올린 뒤 드레
  싱을 뿌린다.

좋아하는 채소를 넣으세요

채소는 좋아하는 것으로 그때그때 있는 걸 넣으면 돼요. 크레
송이 없으면 대신 양상추와 같은 다른 채소를 넣거나 어린잎
채소의 양을 늘리면 된답니다.

해조는 철분, 마그네슘, 칼슘 등이 풍부하고 칼로리가 아주 낮아 다이어트에 그만이에요.
또 문어는 단백질이 풍부하지요. 닭가슴살 대신 준비해보세요.

해조 문어 샐러드 1인분 246kcal

재료(1인분)

마른 해조 80g
자숙문어 200g
레몬 1/3개

유자 폰즈 드레싱 1인분 115kcal

유자청 1큰술
다시마가다랑어포 국물 2큰술
간장 1½큰술
식초·레몬즙 1큰술씩
설탕 1작은술

재료

1

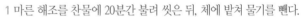

1 마른 해조를 찬물에 20분간 불려 씻은 뒤, 체에 받쳐 물기를 뺀다.

2 끓는 물에 자숙문어를 데쳐 물기를 빼고 얇게 저며 썬다.

3 레몬을 깨끗이 씻어 반달 모양으로 얇게 썬다.

4 불린 해조와 문어, 레몬을 섞어 접시에 담고 드레싱을 섞어 뿌린다.

모둠 마른 해조를 쓰면 간편해요

포장되어 나오는 모둠 마른 해조는 먹을 때마다 조금씩 물에 불려 쓰면 돼 손쉽게 샐러드를 만들 수 있어요. 다른 것은 물에 씻어 염분을 빼야 하거든요. 해조 문어 샐러드에 새우, 키위, 오렌지를 넣으면 더 맛있어요.

채소를 기름 없이 구우면 풍미가 더 좋아져요.
드레싱도 깔끔한 발사믹 식초로만 맛을 내 채소의 맛을 그대로 즐길 수 있어요.

구운 채소 샐러드 1인분 196kcal

재료(1인분)

가지·주키니(돼지호박)·양파 1/2개씩
빨간 파프리카·노란 파프리카 1/4개씩
찐 옥수수 1/2개
파르메산 치즈 20g
소금·후춧가루 조금씩

발사믹 글레이즈 1인분 61kcal

발사믹 식초 3큰술
설탕·물 1큰술씩
소금·후춧가루 조금씩

1 가지와 주키니를 1cm 두께로 어슷하게 썰어 소금, 후춧가루로 밑간한다.

2 양파는 반달 모양으로 썰고, 파프리카는 씨를 빼고 1cm 폭으로 썬다.

3 달군 팬에 채소를 앞뒤로 노릇하게 굽는다. 옥수수도 돌려가며 고루 굽는다.

4 접시에 구운 채소와 옥수수를 올리고 치즈와 드레싱을 뿌린다.

올리브 레몬 드레싱의 상큼함이 기분까지 좋게 해주는 샐러드예요.
한입 먹으면 지중해로 여행을 떠나는 기분이랍니다.

지중해식 해산물 샐러드 1인분 241kcal

1 루콜라는 깨끗이 씻고, 양파는 얇게 썬다. 모두 찬물에 담가두었다가 물기를 뺀다.

2 오징어는 내장을 빼고 손에 소금을 조금 묻혀 껍질을 벗긴 뒤 깨끗이 씻는다. 1cm 두께로 동글게 썰어 소금, 후춧가루로 밑간한다.

3 조개관자는 깨끗이 씻어 얇게 썬 뒤 소금, 후춧가루로 밑간한다. 새우와 홍합살도 밑간한다.

4 달군 팬에 올리브오일을 뿌린 다음 밑간한 새우, 홍합살, 오징어, 조개관자를 올려 센 불에서 굽는다.

5 토마토를 길이로 먹기 좋게 썰어 물기 뺀 루콜라, 양파와 섞는다.

6 접시에 채소와 올리브를 담고 해산물을 올린 뒤, 드레싱과 치즈를 뿌린다.

재료

2

재료(2인분)

조개관자 1개
오징어(몸통) 35g
칵테일새우 5마리
홍합살 20g
토마토 1개
루콜라 50g
양파 30g
블랙 올리브·그린 올리브 2개씩
파르메산 치즈 10g
소금·후춧가루 조금씩
올리브오일 조금

올리브 레몬 드레싱 1인분 58kcal

레몬즙 3큰술
레몬 제스트·다진 블랙 올리브 1큰술씩
꿀·올리브오일 1큰술씩
소금 1/2작은술

3

4

율무는 비만과 부종에 좋아요. 포만감도 높아 체중을 줄이려는 사람에게
제격이지요. 몸은 가볍게, 속은 든든하게 다이어트하세요.

율무 샐러드 _{1인분 320kcal}

재료(1인분)

율무 70g
생밤 2개
양파·비타민 20g씩

올리브오일 드레싱 1인분 252kcal

올리브오일 2큰술
식초 1큰술
다진 양파 1큰술
소금·후춧가루 조금씩

재료

1 율무를 씻어 1시간 정도 불린 뒤 푹 삶는다.

2 비타민을 씻어서 체에 밭쳐 물기를 뺀다.

3 양파는 잘게 다지고, 밤은 껍질을 벗겨 얇게 썬다.

4 준비한 재료를 섞어 그릇에 담고 고루 섞은 드레싱을 뿌린다.

볶은 율무를 쓰면 간편해요

시판하는 볶은 율무를 사서 쓰면 더 편하게 만들 수 있어요. 집에 보리가 있으면 율무 대신 보리를 넣어도 좋아요.

삶은 닭가슴살에 매콤 상큼한 드레싱을 더했어요.
더운 여름에 특히 잘 어울리는 특별한 닭가슴살 샐러드예요.

초계 샐러드 1인분 307kcal

재료(1인분)

닭가슴살 1쪽(100g)
적양배추·느타리버섯 30g씩
미나리 20g
오이 1/2개
배 1/3개
잣 조금
생강 1/2개
청주 1큰술
소금·통후추 조금씩

겨자 오렌지 드레싱 1인분 98kcal

연겨자 1작은술
오렌지즙 2큰술
다진 양파·맛술 1큰술씩

재료

1 끓는 물에 생강, 청주, 소금, 통후추를 넣고 닭가슴살을 삶는다. 한 김 식으면 결 대로 찢는다.

2 미나리는 씻어서 3cm 길이로 썰고, 적양배추와 오이, 배는 채 썬다. 느타리버섯 은 흐르는 물에 씻어 먹기 좋게 찢는다.

3 겨자 오렌지 드레싱 재료를 믹서에 모두 넣어 곱게 간다.

4 채소와 버섯, 배, 닭가슴살을 드레싱에 버무려 접시에 담고 잣을 뿌린다.

더 시원하게 즐기려면?

초계 샐러드는 주로 여름에 즐기는 샐러드지요. 겨자 오렌지 드레싱을 냉동실에 살짝 얼려서 뿌려 먹으면 한결 더 시원하게 즐길 수 있어요.

콩을 발효한 나토는 우리나라의 청국장과 비슷한 일본 식품이에요.
장을 튼튼하게 하는 유익한 균이 많이 들어 있어요. 나토 그린 샐러드로 장 건강을 지키세요.

나토 그린 샐러드 1인분 292kcal

재료(1인분)

나토 100g
어린잎채소 30g
치커리20g

매실청 간장 드레싱 1인분 85kcal

매실청·간장 2큰술씩
포도씨오일·레몬즙 1큰술씩
소금·후춧가루 조금씩

1 어린잎채소와 치커리를 씻은 뒤 체에 밭쳐 물기
  를 뺀다. 치커리는 먹기 좋은 크기로 뜯는다.

2 채소를 섞어 접시에 담고 나토를 올린 뒤 드레싱
  을 뿌린다.

나토는 저어서 넣으세요

나토를 개봉해서 바로 샐러드에 올리지 말고, 볼에 담아 젓가
락으로 끈적끈적한 실이 충분히 생길 때까지 저은 다음에 넣
으세요. 더 구수하게 즐길 수 있어요. 매실청 간장 드레싱에
연겨자를 1작은술 넣어 매콤달콤하게 먹어도 맛있어요.

곤약은 칼로리가 거의 없는 식품으로 유명하죠. 체중 감량이
필요할 때 준비하세요. 견과류를 넣어 영양도 놓치지 않았답니다.

타이식 곤약 견과 샐러드 1인분 311kcal

재료(1인분)

곤약 100g
양상추 20g
치커리 20g
영양부추 20g
빨간 파프리카·노란 파프리카 30g씩
호두·캐슈너트 10g

타이 드레싱 1인분 159kcal

다진 홍고추 1/2개분
식초 1큰술
간장 2큰술
올리브오일 1큰술
말린 바질 1작은술
다진 마늘 2작은술
라임즙 1/2개분(또는 레몬즙 1/4개분)

1 양상추, 치커리, 영양부추는 깨끗이 씻은 뒤 한입 크기로 뜯어 물기를 뺀다.

2 파프리카는 씨를 뺀 뒤 길게 채 썰고, 호두과 캐슈너트는 달군 팬에 살짝 볶는다.

3 곤약은 1cm 두께로 썰어서 뜨거운 물에 데쳐 물기를 뺀다.

4 접시에 준비한 재료를 담고 드레싱을 뿌린다.

쌀국수를 넣어도 좋아요

국수를 좋아하는 사람이라면 곤약 대신 쌀국수를 삶아 넣어보세요. 칼로리가 조금 높아지긴 하겠지만, 쌀국수는 다른 국수에 비해 칼로리가 낮아서 크게 부담 갖지 않아도 좋아요.

양상추와 적양배추, 방울토마토 등 여러 가지 채소에 리코타 치즈를 올렸어요.
리코타 치즈는 칼로리가 높지 않아 다이어트에 좋아요.

리코타 치즈 샐러드 1인분 275kcal

재료

재료(1인분)

리코타 치즈 100g
방울토마토 5개
양상추 30g
적양배추 30g
비타민 20g
치커리 20g
셀러리 잎 10g
블랙 올리브 3개
말린 크랜베리 3개

발사믹 드레싱 1인분 68kcal

발사믹 식초 2큰술
올리브오일 1큰술
다진 마늘 1작은술
소금 1/2작은술
후춧가루 조금

리코타 치즈를 직접 만들어보세요

우유 1컵을 중간 불에서 저어가며 끓이다가 레몬즙 1큰술, 소금을 넣고, 끓기 시작하면 약한 불로 줄여서 계속 저어요. 순두부처럼 몽글몽글 응고되면 면포에 넣고 물기를 꼭 짠 뒤 냉장고에 차갑게 둡니다.

1 리코타 치즈는 숟가락으로 큼직큼직하게 떠놓는다.

2 방울토마토는 꼭지를 떼고 세로로 반 자른다. 큰 것은 4등분해도 좋다.

3 양상추, 적양배추, 비타민, 치커리, 셀러리 잎은 흐르는 물에 씻어서 물기를 턴 뒤 적당한 크기로 자른다. 셀러리는 잎 부분만 쓴다.

4 접시에 채소를 고루 섞어 담고 방울토마토, 블랙 올리브, 말린 크랜베리, 리코타 치즈를 올린다.

5 드레싱을 만들어 샐러드에 고루 끼얹는다.

여러 종류의 버섯에 그라나파다노 치즈를 뿌려 구웠어요.
버섯과 치즈의 향이 별미인 색다른 샐러드입니다.

모둠 버섯 샐러드 1인분 269kcal

재료

재료(1인분)

새송이버섯 1개
느타리버섯 50g
표고버섯 50g
만가닥버섯 50g
올리브오일 조금
그라나파다노 치즈 20g

발사믹 드레싱 1인분 84kcal
발사믹 글레이즈 1큰술
소금·후춧가루 조금씩

1 새송이버섯, 느타리버섯, 만가닥버섯은 비슷한 크기로 길게 찢고 표고버섯은 4등분한다.

2 손질한 버섯에 올리브오일을 조금 뿌려 골고루 버무린 뒤 그라나파다노 치즈를 갈아서 뿌린다.

3 오븐 용기에 손질한 버섯을 담아 170℃에서 7분간 굽고 한 번 뒤섞어서 3분 더 굽는다.

4 구운 버섯을 접시에 담고 그라노파다노 치즈와 발사믹 글레이즈를 뿌린다.

버섯은 있는 것으로 응용하세요

제철 버섯이나 좋아하는 버섯으로 대체해도 좋아요.

Part 4

사이드 메뉴로, 반찬으로
곁들이 샐러드

파프리카를 불에 직접 구우면 질감이 부드러워져 또 다른 맛을 느낄 수 있어요.
만들기도 쉬워 요리를 못하는 초보도 맛있게 즐길 수 있답니다.

구운 파프리카 올리브 샐러드 1인분 393kcal

재료(2인분)

빨간 파프리카·노란 파프리카·주황 파프리카 1개씩
블랙 올리브·그린 올리브 10개씩

허니 머스터드 드레싱 1인분 324kcal

디종 머스터드 1/2큰술
꿀 1큰술
올리브오일 1큰술
식초·다진 양파 1큰술씩
다진 케이퍼 1작은술
소금·후춧가루 조금씩

1 파프리카를 가스레인지 불에 빈틈없이 까맣게 굽는다.

2 구운 파프리카의 껍질을 벗기고 먹기 좋게 썰어 종이타월에 올려 물기를 뺀다.

3 그릇에 파프리카와 올리브를 담고 드레싱을 뿌린다.

파프리카 껍질을 쉽게 벗기려면?

파프리카를 불에 직접 구운 다음 랩을 씌워두거나 밀폐용기에 담아 한 김 식히세요. 껍질이 깨끗하게 잘 벗겨지고 파프리카의 질감이 더 부드러워져요.

쫄깃한 맛이 일품인 조개관자로 샐러드를 만들었어요.
버섯과 함께 굽고 깔끔한 오리엔탈 드레싱을 더해 한식에도 잘 어울려요.

구운 조개관자 샐러드 1인분 252kcal

재료(2인분)

조개관자 4개
느타리버섯·크레송(물냉이) 50g씩
양파 1/2개
토마토 1개
소금·후춧가루 조금씩

오리엔탈 드레싱 1인분 76kcal

간장·식초·설탕·통깨 1/2큰술씩

1 크레송은 씻어서 체에 밭쳐 물기를 뺀다. 양파는
   얇게 썰고, 토마토는 반달 모양으로 썬다.
2 느타리버섯은 흐르는 물에 씻어 물기를 빼고 먹
   기 좋게 찢어 소금, 후춧가루로 밑간한다.
3 조개관자는 모양을 살려 3등분해 소금, 후춧가루
   로 밑간한다.
4 달군 팬에 조개관자와 느타리버섯을 앞뒤로 20초
   간 굽는다.
5 조개관자, 버섯, 토마토, 양파를 접시에 담고 크
   레송을 올린 뒤 드레싱을 뿌린다.

감자를 살짝 익혀 아삭한 질감을 살린 샐러드예요.
밥반찬으로도 좋고, 국수에 곁들여도 잘 어울려요.

아삭 감자 샐러드 1인분 461kcal

재료(2인분)

감자 2개
양파 40g
이탈리안 파슬리 잎 3~4장
소금 1큰술
후춧가루 조금

요구르트 드레싱 1인분 279kcal

플레인 요구르트 1/2통(40g)
레몬즙·꿀·마요네즈 1큰술씩
소금 1작은술

1 감자는 껍질을 벗기고 채칼로 썰어 물에 담가 녹말을 뺀 뒤, 끓는 물에 소금을 넣고 7분간 데쳐서 체에 밭쳐 물기를 뺀다.

2 양파는 얇게 썰어 물에 담가 매운맛을 뺀다.

3 데친 감자와 양파를 드레싱에 버무려 그릇에 담고 후춧가루를 뿌린 뒤 이탈리안 파슬리를 올린다.

감자를 데칠 때는 타이밍이 중요해요

감자를 데칠 때 서두르지 마세요. 너무 빨리 꺼내면 감자에서 비린내가 날 수 있어요. 하지만 너무 오래 삶으면 아삭한 맛이 없어지니 시간을 잘 맞춰야 한답니다.

누구나 좋아하는 콘 샐러드에 참치를 넣었어요. 큐브 참치를 이용하면
모양이 좋은데, 없으면 일반 통조림 참치를 써도 괜찮아요.

참치 옥수수 샐러드 1인분 591kcal

재료(2인분)

통조림 큐브 참치 15개(50g)
통조림 옥수수 30g
양파·오이 1/2개씩
빨간 파프리카 1/4개
블랙 올리브 3개
파슬리 가루 조금
소금·후춧가루 조금씩

씨겨자 요구르트 드레싱 1인분 193kcal

홀그레인 머스터드·레몬즙 1큰술씩
플레인 요구르트 1/2통(40g)
꿀 1작은술
소금 1/2작은술

1 큐브 참치는 체에 밭쳐 기름을 빼고, 옥수수는
  끓는 물에 데쳐 물기를 뺀다.

2 양파, 오이, 파프리카, 올리브는 옥수수 크기로
  잘게 썰어 소금, 후춧가루로 밑간하고 물기를 짠다.

3 준비한 재료를 드레싱에 버무려 그릇에 담고 파
  슬리 가루를 뿌린다.

양상추는 아삭아삭해서 특별히 조리하지 않아도 맛있어요.
여기에 견과류와 부드러운 드레싱을 더하면 고소하고 상큼한 샐러드가 돼요.

양상추 견과 샐러드 1인분 459kcal

재료(2인분)

양상추 1/2포기
아몬드·캐슈너트·호두 10g씩
블랙 올리브 10개

크림 마요네즈 드레싱 1인분 253kcal

마요네즈 2큰술
생크림 1큰술
레몬즙 1작은술
설탕 1/4작은술
파슬리 가루 조금
소금·흰 후춧가루 조금씩

1 양상추를 큼직하게 썬다.

2 달군 팬에 견과류를 볶는다.

3 접시에 양상추를 담고 견과류와 블랙 올리브를
   올린 뒤 드레싱을 뿌린다.

양상추는 씻어서 썰어야 물이 안 생겨요

양상추를 썰어서 물에 씻으면 샐러드를 먹을 때 물이 생겨요.
잎을 떼어서 씻은 다음에 물기를 탈탈 털어내고 썰어 담으세요.

양배추는 양이 많아 요리하고 남은 것을 다 먹지 못하고 버릴 때가 있죠.
이럴 때 샐러드를 만들어보세요. 어디에 곁들여도 잘 어울려요.

셀러리 양배추 샐러드 1인분 415kcal

재료

2

재료(2인분)

양배추 · 적양배추 40g씩
셀러리 · 당근 20g씩
다진 호두 10g

사우전드아일랜드 드레싱 1인분 319kcal

마요네즈 3큰술
토마토케첩 · 레몬즙 1큰술씩
다진 양파 1큰술
다진 피클 1/2큰술
피클 국물 2큰술
다진 피망 2큰술
다진 삶은 달걀 1개분
다진 파슬리 1작은술
소금 · 후춧가루 조금씩

1 양배추와 적양배추를 6~7cm 길이로 채 썰어 찬물에 담가두었
다가 체에 밭쳐 물기를 뺀다.
2 셀러리는 섬유질을 벗기고 양배추와 같은 크기로 채 썬다.
3 당근도 양배추와 같은 길이로 채 썬다.
4 준비한 재료를 드레싱에 버무려 그릇에 담고 다진 호두를 뿌린다.

참나물은 잎이 부드럽고 소화가 잘돼서 위가 약한 사람에게 좋아요.
식이섬유도 풍부하니 변비로 고생한다면 참나물 샐러드로 해결하세요.

참나물 샐러드 1인분 153kcal

재료(2인분)

참나물 40g
상추 20g
양파청 60g(p.25 참고)
홍고추 1/4개

오리엔탈 양파 드레싱 1인분 79kcal
다진 양파 1큰술
간장·식초·설탕·통깨 1/2큰술씩

1 참나물을 씻어서 5cm 길이로 썰고, 상추는 씻어
  서 먹기 좋게 뜯는다. 모두 찬물에 담가두었다가
  체에 밭쳐 물기를 뺀다.
2 양파청의 양파를 건지고, 홍고추는 씨를 빼고
  3~4cm 길이로 채 썬다.
3 그릇에 준비한 재료를 담고 드레싱을 뿌린다.

청포묵이나 곤약도 잘 어울려요
참나물 샐러드에 청포묵이나 곤약을 넣어도 맛있어요. 청포묵
이나 곤약은 데쳐서 넣으세요.

고소한 맛이 좋은 차돌박이에 궁합이 딱 맞는 영양부추를 더했어요.
곁들이로 먹어도 좋고, 고기의 양을 늘리면 한 끼 식사로도 손색없어요.

차돌박이 부추 샐러드 _{1인분} 351kcal

재료(2인분)

차돌박이 100g
영양부추 70g
배추속대 80g
양파 1/3개
간장 1큰술

고추냉이 간장 드레싱 1인분 151kcal
고추냉이 1작은술
간장 2큰술
다진 양파·다진 쪽파 2큰술씩
참기름·맛술 1큰술씩

재료

1-1   1-2

1 차돌박이를 종이타월로 핏물을 뺀 뒤, 끓는 물에 간장을 넣고 데쳐 물기를 뺀다.

2 배추속대는 씻어서 물기를 뺀다.

3 영양부추는 씻어서 4cm 길이로 썰고, 양파는 얇게 썬다.

4 데친 차돌박이와 채소를 섞어 그릇에 담고 드레싱을 뿌린다.

다양한 채소를 활용하세요
배추속대 대신 봄동이나 청경채 등을 넣어도 맛있어요.

감자 동생 알감자를 소개합니다. 주로 조림으로 요리해 먹죠.
아삭한 셀러리와 함께 샐러드로 만들면 반찬처럼 먹을 수 있어요.

알감자 샐러드 1인분 361kcal

재료(2인분)

알감자 15개
셀러리 80g
베이컨 20g
쪽파 10g
소금 1큰술
파슬리 가루 조금

메이플 생크림 드레싱 1인분 175kcal
메이플 시럽·마요네즈 1큰술씩
생크림 2큰술
계핏가루 조금

1 알감자를 깨끗이 씻어 물 10컵에 소금을 넣고 25분
   간 삶아 물기를 뺀다.

2 셀러리는 섬유질을 벗기고 1cm 길이로 썬다.

3 달군 팬에 베이컨을 5분간 바싹 구운 뒤 종이타
   월에 올려 기름을 뺀다.

4 삶은 알감자와 셀러리, 베이컨을 드레싱에 버무
   려 그릇에 담고 파슬리 가루를 뿌린다.

다양한 채소와 과일을 두루 먹을 수 있는 프랑스식 샐러드예요.
입맛에 따라 원하는 채소나 과일을 넣어도 좋아요.

니스 샐러드 1인분 531kcal

재료(2인분)

달걀 2개
로메인 레터스 40g
어린잎채소 20g
셀러리·양파 10g씩
아보카도 1/2개
방울토마토·블랙 올리브 5개씩

레몬 양파 드레싱 1인분 174kcal

레몬즙 3큰술
레몬 제스트·꿀·올리브오일 1큰술씩
다진 양파 1작은술
소금 1/2작은술

재료

1 냄비에 달걀을 넣고 물을 달걀이 잠길 만큼 부어 끓인다. 물이 끓기 시작한 뒤로 12분간 삶아 찬물
　에 식힌 뒤, 껍질을 벗기고 6등분한다.

2 로메인 레터스와 어린잎채소를 씻어서 찬물에 담가두었다가 체에 받쳐 물기를 뺀다. 로메인 레터스
　는 먹기 좋게 뜯는다.

3 셀러리는 섬유질을 벗겨 2cm 길이로 썰고, 양파는 얇게 썬다. 방울토마토는 반으로 썬다.

4 아보카도는 길이로 한 바퀴 칼집을 넣고 살짝 비틀어 반으로 나눈 다음, 씨를 빼고 껍질을 벗겨 셀
　러리와 같은 크기로 썬다.

5 접시에 채소를 담고 삶은 달걀, 아보카도, 방울토마토, 올리브를 올린 뒤 드레싱을 뿌린다.

게맛살은 담백하고 간편해서 샐러드에 쓰기 좋아요.
게맛살과 환상 궁합인 마요네즈 드레싱으로 버무리면 아이들도 참 좋아해요.

게맛살 샐러드 1인분 498kcal

재료(2인분)

게맛살 70g
달걀 1개
어린잎채소 40g
양파 20g
슬라이스 아몬드 10g

마요네즈 드레싱 1인분 306kcal
마요네즈 3큰술
식초 1큰술
레몬즙·소금 1작은술씩
설탕 1/2작은술
파슬리 가루·흰 후춧가루 조금씩

1 냄비에 달걀을 넣고 물을 달걀이 잠길 만큼 부어 끓인다. 물이 끓기 시작한 뒤로 12분간 삶아 찬물에 식힌다.

2 어린잎채소는 깨끗이 씻고, 양파는 얇게 썬다. 모두 찬물에 담가두었다가 체에 밭쳐 물기를 뺀다.

3 게맛살은 가늘게 찢는다.

4 삶은 달걀의 흰자는 가늘게 채 썰고, 노른자는 체에 곱게 내린다.

5 어린잎채소, 양파, 게맛살, 달걀흰자를 드레싱에 버무려 접시에 담고, 슬라이스 아몬드와 달걀노른자를 뿌린다.

데친 물오징어에 도라지와 깻잎, 상추를 넣고 매콤 새콤한 초고추장 드레싱을
끼얹었어요. 매콤한 한식 샐러드는 밥반찬으로도 잘 어울려요.

물오징어 초고추장 샐러드 1인분 358kcal

재료

재료(2인분)

물오징어 1마리
도라지 100g
깻잎 10장
상추 3장
대추 4개
밤 3개

초고추장 드레싱 1인분 84kcal

고추장 1큰술
고춧가루 1큰술
식초 1큰술
물엿 1큰술씩
통깨 1큰술
간장 1/2큰술
설탕 1작은술

1 물오징어는 배를 갈라서 내장을 제거한 다음, 껍질을 벗기고 깨
  끗이 씻는다.
2 끓는 물에 물오징어를 데쳐서 건진다. 식으면 4cm 길이로 채 썬다.
3 도라지는 7~8cm 길이로 잘라 소금을 넣고 주물러 씻는다. 쓴맛
  이 빠지면 헹군 뒤 물기를 뺀다.
4 깻잎과 상추는 물에 흔들어 씻어 물기를 뺀 뒤 잘게 채 썬다.
  밤은 껍질 벗겨 슬라이스하고, 대추는 씻어서 씨를 발라내고
  2~3등분한다.
5 오징어, 도라지, 깻잎, 상추 등 모든 재료를 골고루 섞어 접시에
  담고 초고추장 드레싱을 끼얹는다.

도라지는 밑손질이 중요해요

도라지는 아린 맛이 강하므로 밑손질을 잘해야 해요. 소금을 넣고 주물러
쓴맛을 빼거나 소금·설탕·식초에 재었다가 사용하면 아린 맛이 사라져요.

쌉쌀한 치커리는 입맛을 돋워 곁들이 샐러드로 내면 좋아요.
양배추나 상추, 무순 등 있는 재료를 활용해 아삭한 맛을 살렸어요.

치커리 유자청 샐러드 1인분 148kcal

재료(2인분)

치커리 80g
적양배추 30g
상춧잎 50g
비트 1/3개
무순 20g

간장 드레싱 1인분 65kcal

간장·맛술·물 2큰술씩
유자청 1큰술
레몬즙 2작은술
깨소금 조금

유자청을 만들어두고 드레
싱에 사용하세요

유자를 설탕에 재워 청을 만들
면 각종 소스에 이용할 수 있
고, 차로 마셔도 좋아요.

1 치커리는 흐르는 물에 씻은 다음 물기를 털고 먹기 좋은 크기로 자른다.

2 상추는 흐르는 물에 씻어 적당한 크기로 자르고, 적양배추는 씻어서 채 썬다.

3 비트는 껍질을 벗겨 채 썰고, 무순은 씻어서 물기를 턴다.

4 간장, 맛술, 물을 냄비에 넣고 살짝 끓여서 식힌다. 여기에 유자청, 배즙, 레몬즙, 깨소금을 넣고 섞어
간장 드레싱을 만든다.

5 그릇에 채소를 담고 드레싱을 뿌려 살살 버무린다.

고사리, 숙주, 호박 등 색색의 나물에 흰떡을 올린 샐러드입니다.
두반장 드레싱으로 맛을 낸 곁들이 샐러드로 잘 어울려요.

흰떡 삼색나물 샐러드 1인분 388kcal

재료

4

재료(2인분)

애호박 1/2개, 숙주 100g, 고사리 50g, 배추 속잎 20g, 깻잎순 20g,
떡국용 떡 50g, 채 썬 쇠고기 100g

고사리·고기 양념

간장 2큰술, 다진 파 1큰술, 다진 마늘 1큰술, 참기름 1큰술, 깨소금 1큰술,
설탕 1작은술, 소금 조금

두반장 드레싱 1인분 76kcal

두반장 2큰술, 설탕·식초·물 2큰술씩, 굴소스 1/2큰술, 다진 파 1큰술,
참기름 조금

1 호박은 반달 모양으로 얇게 썰어 소금에 절였다가 기름 두른 팬
에 볶는다.

2 숙주는 다듬어 씻은 뒤 끓는 물에 데친다.

3 고사리는 삶아 파는 것으로 준비해 깨끗이 씻은 뒤 적당한 길
이로 자른다.

4 고사리와 쇠고기를 간장, 다진 파·마늘, 참기름, 깨소금, 설탕으
로 양념해 간이 배게 두었다가 팬에 볶는다.

5 떡국용으로 어슷하게 썬 흰떡을 프라이팬에 구워 반 자른다.

6 채소와 나물을 접시에 담고 흰떡을 올린 다음 두반장 드레싱을
만들어 위에 뿌린다.

두반장이 없다면 고추장으로 대신하세요

짭짤하면서 감칠맛 나는 굴소스와 매콤한 두반장이 샐러드의 맛을 더해줘
요. 두반장이 없다면 고추장으로 대신해도 됩니다.

두부는 소화가 잘되고 콩의 영양이 그대로 살아있는 건강식품이에요.
고소한 두부를 샐러드로 즐겨보세요.

두부 명란젓 샐러드 1인분 467kcal

재료

1

재료(2인분)

두부 1모
명란젓 1개(100g)
새싹채소 20g
소금 조금

참깨 드레싱 1인분 206kcal
다시마국물 4큰술
참깨 2큰술
땅콩버터 2큰술
간장 1/2큰술
청주 1/2큰술
마요네즈 1큰술

1 두부는 물에 한 번 헹군 뒤 종이타월에 올리고 소금을 살짝 뿌려 물기를 뺀다.

2 두부의 물기가 충분히 빠지면 손가락 굵기로 길쭉하게 자른다. 주사위 모양으로 썰어도 좋다.

3 명란은 끓는 물에 삶아서 적당한 크기로 동글동글 썬다.

4 새싹채소는 물에 살살 흔들어 씻은 뒤 얼음물에 담갔다가 건져 물기를 턴다.

5 접시에 새싹채소를 깐 뒤 두부를 올리고 군데군데 명란젓을 얹는다. 그 위에 참깨 드레싱을 만들어 골고루 뿌린다.

명란젓은 살짝 익혀야 맛있어요

명란젓은 끓는 물에 살짝 데치듯이 삶아내세요. 물이 끓을 때 넣어 표면이 재빨리 응고되도록 하는 게 야들야들한 맛을 살리는 비결입니다.

Plus Recipe
남은 샐러드를 활용한 아이디어 레시피

샌드위치

맛있게 먹고 남은 샐러드를 빵 사이에 넣기만 하면 바로 샌드위치가 된다. 이때 물기가 많은 샐러드는 빵이 눅눅해지므로 되도록 피하는 것이 좋다.

어울리는 샐러드
메추리알 샐러드, 사과 샐러드

샐러드 피자

토르티야를 달군 팬에 노릇하게 구워 남은 드레싱을 바르고 샐러드를 올린다. 모차렐라 치즈, 그라나 파다노 치즈, 파르메산 치즈를 올려 먹어도 좋다.

어울리는 샐러드
제철 과일 샐러드, 구운 바나나 바게트 샐러드, 크랜베리 시리얼 샐러드

비빔밥

샐러드만으로 양이 살짝 부족하다면 남은 샐러드로 비빔밥을 만들어 먹는다. 입맛에 따라 고추장이나 간장을 넣고 비벼 먹으면 맛있다.

어울리는 샐러드
홍초 양파 불고기 샐러드, 닭가슴살 채소 샐러드, 구운 버섯 샐러드, 청포묵 샐러드, 참나물 샐러드, 차돌박이 부추 샐러드

먹고 남은 샐러드는 버리지 마세요. 샌드위치, 피자, 비빔밥 등으로 얼마든지 맛있게 먹을 수 있어요.
오히려 요리를 더 쉽게 만들 수 있어 편하답니다. 남은 샐러드로 색다른 맛을 즐겨보세요.

월남쌈

남은 샐러드를 라이스페이퍼에 넣고 싸서 월
남쌈을 만든다. 재료 준비가 많은 월남쌈을
간단하게 즐길 수 있다. 땅콩 소스를 곁들이
면 더 좋다.

어울리는 샐러드
타이식 곤약 견과 샐러드, 새우 쌀국수 샐러드

김밥

샐러드를 이용하면 김밥의 속재료를 일
일이 만들지 않아도 손쉽게 별미 김밥
을 만들 수 있다. 맛도 좋고 먹기도 편
해 아이들도 아주 좋아한다.

어울리는 샐러드
양상추 견과 샐러드, 게맛살 샐러드

토르티야 롤

달군 팬에 토르티야를 살짝 구운 다음, 샐러드를 넣고 돌
돌 만다. 랩으로 싸서 먹기 좋은 크기로 썰어놓으면 간식
으로 그만이다.

어울리는 샐러드
허브 치킨 샐러드, 구운 연어 샐러드, 프룬 자몽 닭가슴살
샐러드, 사과 훈제연어 샐러드, 참치 옥수수 샐러드

Index

• 요리

한 그릇에 영양을 담다 (영문, 한글판)

세계인이 사랑하는 K-푸드 비빔밥

2023년 세계인이 가장 많이 검색한 레시피 1위, 비빔밥. 이 책은 세계인의 입맛을 사로잡은 33가지의 다양한 비빔밥을 영문과 한글로 함께 설명한다. 비빔밥 기초이론과 레시피는 물론, K-푸드를 사랑하는 외국 독자들을 위해 한식 용어 사전을 함께 수록했다.

전지영 지음 | 168쪽 | 150×205mm | 16,800원

영양학 전문가가 알려주는 저염·저칼륨 식사법

콩팥병을 이기는 매일 밥상

콩팥병은 한번 시작되면 점점 나빠지는 특징이 있어 무엇보다 식사 관리가 중요하다. 영양학 박사와 임상영상사들이 저염식을 기본으로 단백질, 인, 칼륨 등을 줄인 콩팥병 맞춤 요리를 준비했다. 간편하고 맛도 좋아 환자와 가족 모두 걱정 없이 즐길 수 있다.

어메이징푸드 지음 | 248쪽 | 188×245mm | 18,000원

대한민국 대표 요리선생님에게 배우는 요리 기본기

한복선의 요리 백과 338

칼 다루기부터 썰기, 계량하기, 재료를 손질·보관하는 요령까지 요리의 기본을 확실히 잡아주고 국·찌개·구이·조림·나물 등 다양한 조리법으로 맛 내는 비법을 알려준다. 매일 반찬 부터 별식까지 웬만한 요리는 다 들어있어 맛있는 집밥을 즐길 수 있다.

한복선 지음 | 352쪽 | 188×254mm | 22,000원

치료 효과 높이고 재발 막는 항암요리

암을 이기는 최고의 식사법

암 환자들의 치료 효과를 높이고 재발을 막는 데 도움이 되는 음식을 소개한다. 항암치료 시 나타나는 증상별 치료식과 치료를 마치고 건강을 관리하는 일상 관리식으로 나눠 담았다. 항암 식생활, 항암 식단에 대한 궁금증 등 암에 관한 정보도 꼼꼼하게 알려준다.

어메이징푸드 지음 | 280쪽 | 188×245mm | 18,000원

그대로 따라 하면 엄마가 해주시던 바로 그 맛

한복선의 엄마의 밥상

일상 반찬, 찌개와 국, 별미 요리, 한 그릇 요리, 김치 등 웬만한 요리 레시피는 다 들어있어 기본 요리 실력 다지기부터 매일 밥상 차리기까지 이 책 한 권이면 충분하다. 누구나 그대로 따라 하기만 하면 엄마가 해주시던 바로 그 맛을 낼 수 있다.

한복선 지음 | 312쪽 | 188×245mm | 16,800원

영양학 전문가의 맞춤 당뇨식

최고의 당뇨 밥상

영양학 전문가들이 상담을 통해 쌓은 데이터를 기반으로 당뇨 환자들이 가장 맛있게 먹으며 당뇨 관리에 성공한 메뉴를 추렸다. 한 상 차림부터 한 그릇 요리, 브런치, 샐러드와 당뇨 맞춤 음료, 도시락 등으로 구성해 매일 활용할 수 있으며, 조리법도 간단하다.

어메이징푸드 지음 | 256쪽 | 188×245mm | 16,000원

맛있는 밥을 간편하게 즐기고 싶다면

뚝딱 한 그릇, 밥

덮밥, 볶음밥, 비빔밥, 솥밥 등 별다른 반찬 없이도 맛있게 먹을 수 있는 한 그릇 밥 76가지를 소개한다. 한식부터 외국 음식까지 메뉴가 풍성해 혼밥과 별식, 도시락으로 다양하게 즐길 수 있다. 레시피가 쉽고, 밥 짓기 등 기본 조리법과 알찬 정보도 가득하다.

장연정 지음 | 200쪽 | 188×245mm | 16,800원

건강을 담은 한 그릇

맛있다, 죽

맛있고 먹기 좋은 죽을 아침 죽, 영양죽, 다이어트 죽, 약죽으로 나눠 소개한다. 만들기 쉬울 뿐 아니라 전통 죽부터 색다른 죽까지 종류가 다양하고 재료의 영양과 효능까지 알려줘 건강관리에도 도움이 된다. 스트레스에 시달리는 현대인의 식사로, 건강식으로 그만이다.

한복선 지음 | 176쪽 | 188×245mm | 16,000원

입맛 없을 때 간단하고 맛있는 한 끼

뚝딱 한 그릇, 국수

비빔국수, 국물국수, 볶음국수 등 입맛 살리는 국수 63가지를 담았다. 김치비빔국수, 칼국수 등 누구나 좋아하는 우리 국수부터 파스타, 미고렝 등 색다른 외국 국수까지 메뉴가 다양하다. 국수 삶기, 국물 내기 등 기본 조리법과 함께 먹으면 맛있는 밑반찬도 알려준다.

한복선 지음 | 176쪽 | 188×245mm | 16,000원

먹을수록 건강해진다!

나물로 차리는 건강밥상

생나물, 무침나물, 볶음나물 등 나물 레시피 107가지를 소개한다. 기본 나물부터 토속 나물까지 다양한 나물반찬과 비빔밥, 김밥, 파스타 등 나물로 만드는 별미요리를 담았다. 메뉴마다 영양과 효능을 소개하고, 월별 제철 나물, 나물요리의 기본요령도 알려준다.

리스컴 편집부 지음 | 160쪽 | 188×245mm | 12,000원

기초부터 응용까지 베이킹의 모든 것
브레드 마스터 클래스

국내 최고 발효 빵 전문가이자 20년 동안 베이커의 길을 걸어온 저자의 모든 베이킹 노하우를 한 권에 담았다. 베이킹 이론과 레시피를 단계적이고 체계적으로 알려주는 원앤온리 클래스로, 건강 빵부터 인기 빵까지 40개의 레시피가 수록되어 있다.

고상진 지음 | 256쪽 | 188×245mm | 22,000원

혼술·홈파티를 위한 칵테일 레시피 85
칵테일 앳 홈

인기 유튜버 리니비니가 요즘 바에서 가장 인기 있고, 유튜브에서 많은 호응을 얻은 칵테일 85가지를 소개한다. 모든 레시피에 맛과 도수를 표시하고 베이스 술과 도구, 사용법까지 꼼꼼하게 담아 칵테일 초보자도 실패 없이 맛있는 칵테일을 만들 수 있다.

리니비니 지음 | 208쪽 | 146×205mm | 18,000원

볼 하나로 간단히, 치대지 않고 쉽게
무반죽 원 볼 베이킹

누구나 쉽게 맛있고 건강한 빵을 만들 수 있도록 돕는 책. 61가지 무반죽 레시피와 전문가의 Tip을 담았다. 이제 힘든 반죽 과정 없이 볼과 주걱만 있어도 집에서 간편하게 빵을 구울 수 있다. 초보자에게도, 바쁜 사람에게도 안성맞춤이다.

고상진 지음 | 248쪽 | 188×245mm | 20,000원

술자리를 빛내주는 센스 만점 레시피
술에는 안주

술맛과 분위기를 최고로 끌어주는 64가지 안주를 술자리 상황별로 소개했다. 누구나 좋아하는 인기 술안주, 부담 없이 즐기기에 좋은 가벼운 안주, 식사를 겸할 수 있는 든든한 안주, 홈파티 분위기를 살려주는 폼나는 안주, 굽기만 하면 되는 초간단 안주 등 5개 파트로 나누었다.

장연정 지음 | 152쪽 | 151×205mm | 13,000원

천연 효모가 살아있는 건강빵
천연발효빵

맛있고 몸에 좋은 천연발효빵을 소개한 책. 홈 베이킹을 넘어 건강한 빵을 찾는 웰빙족을 위해 과일, 채소, 곡물 등으로 만드는 천연발효종 20가지와 천연발효종으로 굽는 건강빵 레시피 62가지를 담았다. 천연발효빵 만드는 과정이 한눈에 들어오도록 구성되었다.

고상진 지음 | 328쪽 | 188×245mm | 19,800원

건강한 약차, 향긋한 꽃차
오늘도 차를 마십니다

맛있고 향긋하고 몸에 좋은 약차와 꽃차 60가지를 소개한다. 각 차마다 효능과 마시는 방법을 알려줘 자신에게 맞는 차를 골라 마실 수 있다. 차를 더 효과적으로 마실 수 있는 기본 정보와 다양한 팁도 담아 누구나 향기롭고 건강한 차 생활을 즐길 수 있다.

김달래 감수 | 200쪽 | 188×245mm | 15,000원

정말 쉽고 맛있는 베이킹 레시피 54
나의 첫 베이킹 수업

기본 빵부터 쿠키, 케이크까지 초보자를 위한 베이킹 레시피 54가지. 바삭한 쿠키와 담백한 스콘, 다양한 머핀과 파운드케이크, 폼나는 케이크와 타르트, 누구나 좋아하는 인기 빵까지 모두 담겨 있다. 베이킹을 처음 시작하는 사람에게 안성맞춤이다.

고상진 지음 | 216쪽 | 188×245mm | 16,800원

소문난 레스토랑의 맛있는 비건 레시피 53
오늘, 나는 비건

소문난 비건 레스토랑 11곳을 소개하고, 그곳의 인기 레시피 53가지를 알려준다. 파스타, 스테이크, 후무스, 버거 등 맛있고 트렌디한 비건 메뉴를 다양하게 담았다. 레스토랑에서 맛보는 비건 요리를 셰프의 레시피 그대로 집에서 만들어 먹을 수 있다.

김홍미 지음 | 204쪽 | 188×245mm | 15,000원

예쁘고, 맛있고, 정성 가득한 나만의 쿠키
스위트 쿠키 50

베이킹이 처음이라면 쿠키부터 시작해보자. 재료를 섞고, 모양내고, 굽기만 하면 끝! 버터쿠키, 초콜릿쿠키, 팬시쿠키, 과일쿠키, 스파이시쿠키, 너트쿠키 등으로 나눠 예쁘고 맛있고 만들기 쉬운 쿠키 만드는 법 50가지와 응용 레시피를 소개한다.

스테이시 아디만도 지음 | 144쪽 | 188×245mm | 13,000원

맛있게 시작하는 비건 라이프
비건 테이블

누구나 쉽게 맛있는 채식을 시작할 수 있도록 돕는 비건 레시피북. 요즘 핫한 스무디 볼부터 파스타, 햄버그스테이크, 아이스크림까지 88가지 맛있고 다양한 비건 요리를 소개한다. 건강한 식단 비건 구성법, 자주 쓰이는 재료 등 채식을 시작하는 데 필요한 정보도 담겨있다.

소나영 지음 | 200쪽 | 188×245mm | 15,000원

• 건강 | 다이어트

반듯하고 꼿꼿한 몸매를 유지하는 비결
등 한번 쫙 펴고 삽시다

최신 해부학에 근거해 바른 자세를 만들어주는 간단한 체조법과 스트레칭 방법을 소개한다. 누구나 쉽게 따라 할 수 있고 꾸준히 실천할 수 있는 1분 프로그램으로 구성되었다. 수많은 환자들을 완치시킨 비법 운동으로, 1주일 만에 개선 효과를 확인할 수 있다.

타카히라 나오노부 지음 | 168쪽 | 152×223mm | 16,800원

아침 5분, 저녁 10분
스트레칭이면 충분하다

몸은 튼튼하게 몸매는 탄력 있게! 아침 5분, 저녁 10분이라도 꾸준히 스트레칭하면 하루하루가 몰라보게 달라질 것이다. 아침저녁 동작은 5분을 기본으로 구성하고 좀 더 체계적인 스트레칭 동작을 위해 10분, 20분 과정도 소개했다.

박서희 지음 | 152쪽 | 188×245mm | 13,000원

라인 살리고, 근력과 유연성 기르는 최고의 전신 운동
필라테스 홈트

필라테스는 자세 교정과 다이어트 효과가 매우 큰 신체 단련 운동이다. 이 책은 전문 스튜디오에 나가지 않고도 집에서 얼마든지 필라테스를 쉽게 배울 수 있는 방법을 알려준다. 난이도에 따라 15분, 30분, 50분 프로그램으로 구성해 누구나 부담 없이 시작할 수 있다.

박서희 지음 | 128쪽 | 215×290mm | 10,000원

통증 다스리고 체형 바로잡는
간단 속근육 운동

통증의 원인은 속근육에 있다. 한의사이자 헬스 트레이너가 통증을 근본부터 해결하는 속근육 운동법을 알려준다. 마사지로 풀고, 스트레칭으로 늘이고, 운동으로 힘을 키우는 3단계 운동법으로, 통증 완화는 물론 나이 들어서도 아프지 않고 지낼 수 있는 건강관리법이다.

이용현 지음 | 156쪽 | 182×235mm | 12,000원

남자들을 위한 최고의 퍼스널 트레이닝
1일 20분 셀프PT

혼자서도 쉽고 빠르게 원하는 몸을 만들도록 돕는 PT 가이드북. 내추럴 보디빌딩 국가대표가 기본 동작부터 잘못된 자세까지 차근차근 알려준다. 오늘부터 하루 20분 셀프PT로 남자라면 누구나 갖고 싶어하는 역삼각형 어깨, 탄탄한 가슴, 식스팩, 강한 하체를 만들어보자.

이용현 지음 | 192쪽 | 188×230mm | 14,000원

• 임신출산 | 자녀교육

산부인과 의사가 들려주는 임신 출산 육아의 모든 것
똑똑하고 건강한 첫 임신 출산 육아

임신 전 계획부터 산후조리까지 현대의 임신부를 위한 똑똑한 임신 출산 육아 교과서. 20년 산부인과 전문의가 임신부들이 가장 궁금해하는 것과 꼭 알아야 것들을 알려준다. 계획 임신, 개월 수에 따른 엄마와 태아의 변화, 안전한 출산을 위한 준비 등을 꼼꼼하게 짚어준다.

김건오 지음 | 408쪽 | 190×250mm | 20,000원

세상에서 가장 아름다운 태교 동화
하루 10분, 아가랑 소곤소곤

독서교육 전문가가 30여 년 동안 읽은 수천 권의 책 중에서 가장 아름다운 이야기 30여 편을 골라 모았다. 마음이 따뜻해지는 이야기, 재치 있고 삶의 지혜가 담긴 이야기, 가족 사랑과 인간애를 느낄 수 있는 이야기들이 가득하다. 태교를 이한 갖가지 정보도 알차게 담겨 있다.

박한나 지음 | 208쪽 | 174×220mm | 16,000원

말 안 듣는 아들, 속 터지는 엄마
아들 키우기, 왜 이렇게 힘들까

20만 명이 넘는 엄마가 선택한 아들 키우기의 노하우. 엄마는 이해할 수 없는 남자아이의 특징부터 소리치지 않고 행동을 변화시키는 아들 맞춤 육아법까지. 오늘도 아들 육아에 지친 엄마들에게 '슈퍼 보육교사'로 소문난 자녀교육 전문가가 명쾌한 해답을 제시한다.

하라사카 이치로 지음 | 192쪽 | 143×205mm | 13,000원

성인 자녀와 부모의 단절 원인과 갈등 회복 방법
자녀는 왜 부모를 거부하는가

최근 부모 자식 간 관계 단절 현상이 늘고 있다. 심리학자인 저자가 자신의 경험과 상담 사례를 바탕으로 그 원인을 찾고 해답을 제시한다. 성인이 되어 부모와 인연을 끊는 자녀들의 심리와, 그로 인해 고통받는 부모에 대한 위로, 부모와 자녀 간의 화해 방법이 담겨있다.

조슈아 콜먼 지음 | 328쪽 | 152×223mm | 16,000원

아이는 엄마의 감정을 먹고 자란다
내 아이를 위한 엄마의 감정 공부

엄마의 감정 육아는 아이의 정서에 나쁜 영향을 미친다. 엄마들을 위한 8일간의 감정 공부 프로그램을 그대로 책에 담았다. 감정을 정리하고 자녀와 좀 더 가까워지는 방법을 안내한다. 사례가 풍부하고 워크지도 있어 책을 읽으면서 바로 활용할 수 있다.

양선아 지음 | 272쪽 | 152×223mm | 15,000원

• 취미 | 인테리어

뇌 건강에 좋은 꽃그림 그리기
사계절 꽃 컬러링북

꽃그림을 색칠하며 뇌 건강을 지키는 컬러링북. 컬러링은 인지 능력을 높이기 때문에 시니어들의 뇌 건강을 지키는 취미로 안성맞춤이다. 이 책은 색연필을 사용해 누구나 쉽고 재미있게 색칠할 수 있다. 꽃그림을 직접 그려 선물할 수 있는 포스트 카드도 담았다.

정은희 지음 | 96쪽 | 210×265mm | 13,000원

우리 집을 넓고 예쁘게
공간 디자인의 기술

집 안을 예쁘고 효율적으로 꾸미는 방법을 인테리어의 핵심인 배치, 수납, 장식으로 나눠 알려준다. 포인트를 콕콕 짚어주고 알기 쉬운 그림을 곁들여 한눈에 이해할 수 있다. 결혼이나 이사를 하는 사람을 위해 집 구하기와 가구 고르기에 대한 정보도 자세히 담았다.

가와카미 유키 지음 | 240쪽 | 170×220mm | 16,800원

나 어릴때 놀던 뜰
우리 집 꽃밭 컬러링북

'아빠하고 나하고 만든 꽃밭에, 채송화도 봉숭아도 한창입니다…' 마당 한가운데 동그란 꽃밭, 그 안에 올망졸망 자리 잡은 백일홍, 봉숭아, 샐비어, 분꽃, 붓꽃, 채송화, 과꽃, 한련화… 어릴 적 고향 집 뜰에 피던 추억의 꽃들을 색칠하며 그 시절로 돌아가 보자.

정은희 지음 | 96쪽 | 210×265mm | 14,000원

인플루언서 19인의 집 꾸미기 노하우
셀프 인테리어 아이디어57

베란다와 주방 꾸미기, 공간 활용, 플랜테리어 등 남다른 감각의 셀프 인테리어를 보여주는 19인의 집을 소개한다. 집 안 곳곳에 반짝이는 아이디어가 담겨 있고 방법이 쉬워 누구나 직접 할 수 있다. 집을 예쁘고 편하게 꾸미고 싶다면 그들의 노하우를 배워보자.

리스컴 편집부 엮음 | 168쪽 | 188×245mm | 16,000원

여행에 색을 입히다
꼭 가보고 싶은 유럽 컬러링북

아름다운 유럽의 풍경 28개를 색칠하는 컬러링북. 초보자도 다루기 쉬운 색연필을 사용해 누구나 멋진 작품을 완성할 수 있다. 꿈꿔왔던 여행을 상상하고 행복했던 추억을 떠올리며 색칠하다 보면 편안하고 따뜻한 힐링의 시간을 보낼 수 있다.

정은희 지음 | 72쪽 | 210×265mm | 13,000원

화분에 쉽게 키우는 28가지 인기 채소
우리 집 미니 채소밭

화분 둘 곳만 있다면 집에서 간단히 채소를 키울 수 있다. 이 책은 화분 재배 방법을 기초부터 꼼꼼하게 가르쳐준다. 화분 준비부터 키우는 방법, 병충해 대책까지 쉽고 자세하게 설명하고, 수확량을 늘리는 비결에 대해서도 친절하게 알려준다.

후지타 사토시 지음 | 96쪽 | 188×245mm | 13,000원

꽃과 같은 당신에게 전하는 마음의 선물
꽃말 365

365일의 탄생화와 꽃말을 소개하고, 따뜻한 일상 이야기를 통해 인생을 '잘'살아가는 방법을 알려주는 책. 두 딸의 엄마인 저자는 꽃말과 함께 평범한 일상 속에서 소중함을 찾고 삶을 아름답게 가꿔가는 지혜를 전해준다. 마음에 닿는 하루 한 줄 명언도 담았다.

조서윤 지음 | 정은희 그림 | 292쪽 | 130×200mm | 16,000원

119가지 실내식물 가이드
실내식물 죽이지 않고 잘 키우는 방법

반려식물로 삼기 적합한 119가지 실내식물의 특징과 환경, 적절한 관리 방법을 알려주는 가이드북. 식물에 대한 정보를 위치, 빛, 물과 영양, 돌보기로 나누어 보다 자세하게 설명한다. 식물을 키우며 겪을 수 있는 여러 문제에 대한 해결책도 제시한다.

베로니카 피어리스 지음 | 144쪽 | 150×195mm | 16,000원

내 피부에 딱 맞는 핸드메이드 천연비누
나만의 디자인 비누 레시피

예쁘고 건강한 천연비누를 만들 수 있도록 돕는 레시피북. 천연비누부터 배스밤, 버블바, 배스 솔트까지 39가지 레시피를 한 권에 담았다. 재료부터 도구, 용어, 팁까지 비누 만드는 데 알아야 할 정보를 친절하게 설명해 책을 따라 하다 보면 누구나 쉽게 천연비누를 만들 수 있다.

오혜리 지음 | 248쪽 | 190×245mm | 18,000원

내 집은 내가 고친다
집수리 닥터 강쌤의 셀프 집수리

집 안 곳곳에서 생기는 문제들을 출장 수리 없이 내 손으로 고칠 수 있게 도와주는 책. 집수리 전문가이자 인기 유튜버인 저자가 25년 경력을 통해 얻은 노하우를 알려준다. 전 과정을 사진과 함께 자세히 설명하고, QR코드를 수록해 동영상도 볼 수 있다.

강태운 지음 | 272쪽 | 190×260mm | 22,000원

유익한 정보와 다양한 이벤트가 있는 리스컴 SNS 채널로 놀러오세요!

블로그
blog.naver.com/leescomm

인스타그램
instagram.com/leescom

유튜브
www.youtube.com/c/leescom

내 몸이 가벼워지는 시간

샐러드에 반하다

지은이 | 장연정

요리 · 스타일링 | 장스타일(02-517-4474)
사진 | 신광용(치즈스튜디오 02-512-9975)
진행 | 김원희

협찬 | 네코드봉봉(1588-3269) 무겐인터내셔널(02-706-0350)
　　　한국도자기리빙(080-222-7800)

편집 | 김소연 양가현 이희진
디자인 | 한송이
마케팅 | 이진목

인쇄 | 금강인쇄

펴낸이 | 이진희
펴낸곳 | (주)리스컴

개정판 1쇄 | 2021년 5월 18일
개정판 18쇄 | 2024년 12월 20일

주소 | 서울시 강남구 테헤란로87길 22, 7151호(삼성동, 한국도심공항)
전화번호 | 대표번호 02-540-5192
　　　　　편집부 02-544-5194
FAX | 0504-479-4222
등록번호 | 제2-3348

ISBN 979-11-5616-212-4 13590
책값은 뒤표지에 있습니다.